高等院校信息技术规划教材

Python语言程序设计

陈　振　主编

清华大学出版社

北京

内 容 简 介

本书以 Python 3.7 为基础编写。全书共分 11 章,主要内容包括初识 Python、Python 语言基础知识、Python 语言的基本数据类型、文件与目录操作、函数、模块、面向对象编程、线程与多线程编程,网络编程与数据库编程、异常及异常处理、GUI 编程。通过学习本书,能领悟 Python 的思想。本书知识体系完整,编写思路清晰,语言简练,文字通俗易懂,讲解透彻,案例贴近应用,融入了许多一线软件工程师的编程思想,每个章节都精心植入了恰当的案例,向读者展示知识的应用。

本书提供 PPT 课件以及书中例题的源代码,所有代码都在 Python 3.7 环境中通过了调试。

本书可用作应用型本科与高职高专教材,也可作为编程爱好者与初级程序员学习 Python 编程的参考用书。

图书在版编目(CIP)数据

Python 语言程序设计/陈振主编.—北京:清华大学出版社,2020.4 (2023.1重印)

高等院校信息技术规划教材

ISBN 978-7-302-54786-0

Ⅰ.①P… Ⅱ.①陈… Ⅲ.①软件工具－程序设计－高等学校－教材 Ⅳ.①TP311.561

中国版本图书馆 CIP 数据核字(2020)第 002235 号

责任编辑:白立军 杨 帆
封面设计:常雪影
责任校对:胡伟民
责任印制:丛怀宇

出版发行:清华大学出版社
    网 址:http://www.tup.com.cn,http://www.wqbook.com
    地 址:北京清华大学学研大厦 A 座   邮 编:100084
    社 总 机:010-83470000   邮 购:010-62786544
    投稿与读者服务:010-62776969,c-service@tup.tsinghua.edu.cn
    质量反馈:010-62772015,zhiliang@tup.tsinghua.edu.cn
    课件下载:http://www.tup.com.cn,010-83470236
印 装 者:三河市君旺印务有限公司
经 销:全国新华书店
开 本:185mm×260mm   印 张:18   字 数:450 千字
版 次:2020 年 4 月第 1 版   印 次:2023 年 1 月第 4 次印刷
定 价:49.00 元

产品编号:085375-01

Python是一种既支持面向过程又支持面向对象编程的解释型高级语言,已经被广泛应用于Web开发、网络编程、科学运算、GUI图形开发、运维自动化、机器人编程等众多领域。与其他语言相比,Python语言由于语法简洁、可移植、跨平台、可重用、有丰富的类库、上手容易等特点而获得了广大软件开发人员的青睐。Python语言已成为当前最热门的四大语言之一,许多大型的IT软件公司都在用Python语言进行项目开发,众多的软件公司把Python语言作为项目开发的首选语言。对于编程的初学者或初级程序员,学会用Python语言编程已成为进入软件行业的敲门砖与捷径。

本书专为Python初学者或初级程序员编写,旨在使读者学会并掌握Python相关的编程思想、知识与技能,学完本书后,初学者或初级程序员可成为一个真正的Python程序员。

本书从初学编程语言读者的角度,循序渐进地讲解Python的编程知识,帮助读者认识Python,掌握Python,能使用Python语言,最大限度地向读者展示Python语言的特色,也能让读者真正领略到Python语言程序设计的独特魅力与风采。

本书内容选择以使读者成为真正的Python程序员为目的,以知识应用为准则,通过与软件行业一些正在使用Python语言编程的资深工程师广泛讨论,认真研究而确定。本书内容共分11章。

第1章主要带领读者认识Python,内容主要包括Python简介、Python环境搭建以及Python IDE的安装与使用等。通过学习本章,读者可对Python有一个初步认识,能了解Python的发展历程、Python语言的特点以及Python的主要应用,完成Python开发环境的搭建,学会Python环境变量的配置,了解Python程序的执行方式,为后续学习程序设计做好充分的准备。

第2章主要带领读者学习Python语言基础知识,内容主要包括标准输入输出方法、变量与常量、运算符、程序流程控制、Python的注释、逻辑行与缩进等。这些知识是Python程序设计的必备知识。"磨刀不误砍柴工",学会正确的语法、句法与程序结构能帮助读者快速写出可读性好的程序。

第 3 章主要带领读者学习 Python 语言的基本数据类型,内容主要包括数值数据、字符串、列表、元组、字典、集合多种数据类型。通过学习本章,读者可掌握各种数据类型的特点,能在项目开发过程中正确选择数据类型。

第 4 章主要带领读者学习文件操作,内容主要包括文件操作与目录操作。在计算机中,文件是保存数据的方式之一,而文件存放在目录中,在开发项目时,文件操作是必备的知识与技能。通过学习本章,读者可以掌握文件的相关操作,熟练使用相关方法在项目中实现文件读写。

第 5 章带领读者学习函数,内容主要包括函数的创建、函数参数、函数的作用域、高阶函数、递归函数、内置函数、匿名函数、装饰器、生成器与迭代器。用函数实现程序关联的功能是基于过程与面向对象编程的基础,正确编写与使用函数可以有效维护程序的模块化结构,提高编程的效率。通过学习本章,读者可掌握函数的使用方法,且具备查阅模块中函数的能力。

第 6 章带领读者学习模块,内容主要包括模块的基础知识、标准库模块、自定义模块与第三方模块。模块的作用能够大大提高代码的可维护性与可重用性,是结构化编程的重要手段。作为一个编程人员,应该具备用模块组织与管理项目代码的思维,提高编程效率。

第 7 章带领读者学习面向对象编程,内容主要包括面向对象编程的基础知识、创建类、面向对象三大特征、类的成员、反射与单例模式。通过学习本章,读者可对面向对象编程有深刻的认识,能够正确理解在 Python 中基于过程与面向对象的区别,正确选择基于过程编程与面向对象编程,且掌握面向对象的编程方法。

第 8 章带领读者学习线程与多线程编程,内容主要包括线程相关的基本概念、多线程编程、多线程的安全问题。通过学习本章,读者可理解线程与进程的概念,学会如何编写多线程程序,且能确保多线程的安全。

第 9 章带领读者学习网络编程与数据库编程,内容主要包括网络编程的基础知识与 Socket 编程,Python 数据库接口规范与 MySQL 数据库编程。通过学习本章,读者可认识 Socket 的作用,掌握 Socket 的 TCP/UDP 编程流程与网络编程的方法,认识 Python DB-API 接口实现访问各类数据库的原理与编程流程,学会 PyMySQL 模块的安装方法以及该模块的常用方法,且能使用 PyMySQL 模块的方法实现对数据库的增加、删除、查询、修改编程。

第 10 章带领读者学习异常及异常处理,通过学习本章,读者可掌握异常的定义与格式、异常的种类、异常处理机制,内容主要包括主动异常、自定义异常与断言的概念与实现方法。

第 11 章带领读者学习 Python 中的 GUI 编程,内容主要包括 tkinter 模块与 ttk 模块、窗体与布局、常用组件、事件绑定。通过学习本章,读者可掌握 GUI 设计、控件的创建与事件绑定方法,能正确开发 GUI 程序。

在本书的编写过程中,参考了众多资深软件工程师的博客,这些资源为编者提供了很好的编写思路,在此对相关作者深表感谢。同时也期待每一位读者的热心反馈,随时欢迎指出书中的不足。

陈　振

2019 年 11 月

目录

Contents

第 1 章

初识 Python

导读

Python 是一种既基于过程又面向对象的程序设计语言。本章首先介绍 Python 语言的发展历程、Python 语言的特点与主要应用领域，然后介绍 Python 语言的环境搭建与 Python IDE 的安装与使用方法，主要目的是让读者对 Python 有一个整体认识，为后续内容的学习打下基础。

1.1 Python 简介

1.1.1 Python 的发展历程

Python 是一种解释型、面向对象、动态数据类型的高级程序设计语言，自从 20 世纪 90 年代初诞生至今，逐步应用于 Web 开发、网络编程、云计算、工程运算与金融分析、自动化运维与测试以及 GUI 图形开发等众多领域。

1989 年，荷兰程序员 Guido van Rossum（吉多•范罗苏姆，1956— ）开始编写一个新脚本的解释器，且用自己非常挚爱的电视剧 *Monty Python's Flying Circus*（巨蟒的飞行马戏团）中的 Python（巨蟒）作为该语言的名字。Guido 希望 Python 语言是一种界于 C 和 Shell 之间，功能全面、易学易用、可以拓展的开源语言。

1991 年，第一个 Python 解释器版本公开发行，该解释器用 C 语言编写，能够调用 C 语言的库文件。Python 一经问世就具备了类、函数、异常处理等机制，且包含了列表与词典在内的核心数据类型，是一个以模块为基础的拓展系统。该版本完全由 Guido 一人编写完成，且得到了同事们的充分认可与欢迎，同时，Guido 的同事也主动向 Guido 反馈该系统存在的一些缺点与不足，且主动要求加入 Python 的改进中去。后来，Guido 就和这些同事组建成 Python 的核心团队，利用业余时间继续完善与拓展 Python 的功能。由于团队的努力，1999 年，Python 的第一个 Web 框架 Zope1 终于发布。

1994 年 1 月，Python 1.0 发布，2000 年 10 月，Python 2.0 发布，该版本在原有基础上加入了内存回收机制，构建了 Python 语言的基础。

2004 年 11 月，Python 2.4 发布，同年发布了目前最流行的 Web 框架 Django，它是

Python 中一个经典的版本。

2006 年 9 月，Python 2.5 发布。在 Python 2.5 发布后，Python 官方直接启动发布 Python 3.0 版本计划。考虑到 Python 3.0 不兼容 Python 2.x 版本，而很多已经开发且在运行的系统都是在 Python 2.x 版本的基础上开发的，这些系统也需要维护，因此，Python 官方继续发布了两个过渡版本，这两个版本就是 2008 年 10 月发布的 Python 2.6 与 2010 年 7 月发布的 Python 2.7。

Python 团队于 2010 年 11 月向外宣布，Python 2.7 仅支持到 2020 年，且不再发布 Python 2.8 版本，且明确要求用 Python 做开发的用户要尽早使用 Python 3.4 以上版本。2008 年 12 月，Python 3.0 发布；2009 年 6 月，Python 3.1 发布；2011 年 2 月，Python 3.2 发布；2012 年 9 月，Python 3.3 发布；2014 年 3 月，Python 3.4 发布；2015 年 9 月，Python 3.5 发布；2016 年 12 月，Python 3.6 发布；2018 年 6 月，Python 3.7 发布。

Python 每一个版本在原有基础上增加或增强了许多新的功能。Python 语言功能很强大，开发效率高，具有很好的交互性与可移植性，界面友好，易学易用，开源，这些特征吸引了广大程序员，Python 开始流行。2011 年 1 月，Python 赢得 TIOBE 编程语言排行榜的年度语言，根据 TIOBE 最新排名，目前，Python 已经超越 C♯，与 Java、C、C++ 一起成为全球四大流行语言。

1.1.2　Python 语言的特点

近年来，Python 语言发展迅速，使用非常广泛，这与该语言的特点息息相关。Python 语言的主要特点如下。

1. 简单易学

Guido 开发该语言的初衷之一就是让高级程序设计语言变得简单易学。Python 的优点之一是编写的程序具有伪代码的本质，这一本质使得编程人员在开发 Python 程序时，可专注于功能逻辑，而不要过多关注 Python 语言的语法。可以说，Python 是一种简单主义思想语言的典型代表。

2. 可移植性

Python 是开源的，可以在各种软硬件平台上运行，如果在程序中没有使用系统的独有特性，则所有 Python 程序无须做任何修改就可以在 Windows、Linux 与 UNIX 等平台上运行，并且在所有平台上具有相同的界面。

3. 基于过程且面向对象

Python 既支持面向过程的编程也支持面向对象的编程。在面向过程的语言中，程序是用过程或函数构建的，与 C 语言一样，Python 支持过程编程或函数编程。在面向对象的语言中，程序是用数据和功能组合而成的对象构建起来的。与 C++ 和 Java 等面向对象语言一样，Python 支持面向对象式编程，且以一种非常强大又简单的方式实现面向对象式编程。

4. 拥有丰富的库

Python 标准库非常庞大,所提供的组件涉及范围十分广泛,可以帮助用户处理各种工作。Python 的大部分库可在 UNIX、Windows 和 Macintosh 等操作系统上使用,具有可移植和跨平台的特点。Python 标准库包含了很多内置模块(用 C 语言编写),Python 程序员必须依靠它们实现系统级功能,例如文件 I/O,此外还拥有大量以 Python 语言编写的模块,提供了日常编程中许多问题的标准解决方案。其中,有些模块经过专门设计,通过将特定平台功能抽象化为平台中独立的 API 来加强 Python 程序的可移植性。

5. 开源

Python 是自由开放源码软件之一,简单地说,Python 用户可以自由发布该软件的副本,阅读它的源代码,也可以对它进行修改,还可以把它的部分代码用于新的自由软件中。自由、开源是基于一个团体分享知识的理念,这就是 Python 如此优秀的重要原因——它由一群希望看到一个更加优秀的 Python 的人创造并改进与完善它。

1.1.3 Python 语言的应用

随着 Python 的发展,Python 逐渐获得广泛的应用。目前,Python 主要应用于 Web 开发、网络编程、科学运算、GUI 图形开发、运维自动化、机器人编程等领域。在 20 世纪初,欧美国家的高校,如麻省理工学院(MIT)等均开设了"Python 语言程序设计"课程,且用 Python 语言讲解相关的算法课程。在 IT 行业中,Python 已在全球一些知名公司获得了青睐且广泛使用。例如,谷歌(Google)的 Google App Engine、code.google.com、Google Earth、Google 爬虫、Google 广告等项目都大量使用 Python 开发;腾讯(Tencent)蓝鲸游戏运维平台使用 Python 开发;美国航空航天局(NASA)使用 Python 进行数据分析和工程运算;每天处理超过 3000 万张照片的美国最大的图片分享网站(Instagram)全部用 Python 开发。国内最大的问答社区知乎也是使用 Python 开发;UQER 的知名金融量化交易平台也是使用 Python 开发;美国最大的在线云储存网站(Dropbox),每天处理10 亿个文件的上传和下载,该网站全部用 Python 实现。

近三年,Python 在国内开始火热,许多 IT 公司都开始使用 Python 语言作为项目的首选语言,这就要求项目参与人员具备 Python 编程的能力,这一点可以从国内热门的招聘网站智联招聘、前程无忧、看准网、拉勾网、英才网与猎鹰网等发布的招聘信息中清楚地看到。因此,作为一名 IT 类专业人员,提高自身的职业竞争力,学习 Python 语言,掌握 Python 的编程方法是一条非常便利的途径。

1.2 Python 环境搭建

1.2.1 版本选择

在 Python 官网上关于 Python 2.x 与 Python 3.x 的综述中有这样的描述:Python

2.x 是遗产, Python 3.x 是现在和未来的语言。Python 2.x 的最后版本是 Python 2.7, 该版本最终可使用到 2020 年。Python 2.x 默认仅支持 ASCII, 不支持中文。Python 3.x 版本是非常稳定的版本, 也是正在用作开发的版本, Python 3.x 使用的默认编码为 Unicode, 支持中文。在该版本上的核心语法已进行了调整, 更易学, 但不兼容 Python 2.x 版本。目前, Python 3.x 的最高版本为 Python 3.7, 建议初学者使用 Python 3.5 以上版本。

1.2.2 Python 的安装

访问 http://www.python.org/download/下载页面, 在该页面上可以下载在 Windows、Linux/UNIX、Mac OS X 等操作系统上安装的版本。在 Windows 操作系统通常安装 Windows X86-64 executable installer 或 Windows X86-64 web-based installer。下载完后, 单击下载文件进行安装。

本书下载的是 Windows X86-64 web-based installer 版本, 安装过程如下。

(1) 单击运行下载后的文件 Python-3.7.2-amd64-webinstall, 打开如图 1.1 所示的安装方法选择对话框, 此处选择 Customize installation。

注意: 在该对话框下面有两个复选框, 默认只选择了第 1 项, 单击选中第 2 项, 这样安装完成后就不用再设置环境变量了。

图 1.1 安装方法选择对话框

(2) 单击 Next 按钮, 打开如图 1.2 所示的 Optional Features 界面, 先选择默认选项。

(3) 单击 Next 按钮, 打开如图 1.3 所示的 Advanced Options 界面, 先选择默认选项。然后确认安装目录, 单击 Install 按钮。

安装完后, 按 Win+R 键, 打开运行对话框, 在框中输入 cmd 切换到 DOS 界面, 在 DOS 界面输入 Python, 按 Enter 键, 出现下面的内容表示安装成功, 用户就可以在 >>> 后输入代码了。

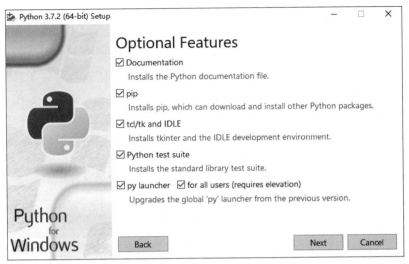

图 1.2　**Optional Features 界面**

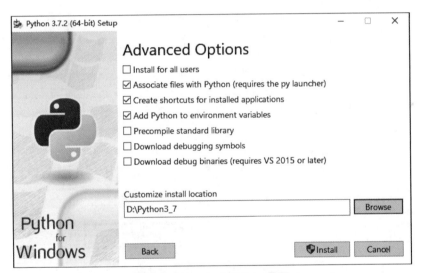

图 1.3　**Advanced Options 界面**

```
Python 3.7.2 (tags/v3.7.2:9a3ffc0492, Dec 23 2018, 23:09:28) [MSC v.1916 64 bit
(AMD64)] on win32
Type "help", "copyright", "credits" or "license" for more information.
>>>print("hello world!!")
hello world!!
>>>
```

注意：该界面是 Python 的交互器模式，输入 print("hello world!!")后按 Enter 键就
会输出"hello world!!"。

1.2.3 Python 环境变量的配置

在 Windows 操作系统的控制台运行一个可执行文件的文件名时,系统首先会在控制台当前路径下搜索是否存在该文件。如果找到指定的文件,就执行该文件;如果找不到该文件,系统会根据 path 的环境变量所保存的路径信息搜索是否有指定的文件,如能找到指定的文件,就执行该文件,如果找不到该文件就会出现"XXX 不是内部或外部命令,也不是可运行的程序或批处理文件"的错误提示。为了在控制台输入 Python,系统都能找到 Python.exe 文件,用户通常会进行环境变量的配置。配置方法如下。

计算机→属性→高级系统设置,打开如图 1.4 所示的"系统属性"对话框,单击"环境变量"按钮,打开如图 1.5 所示的"环境变量"对话框。

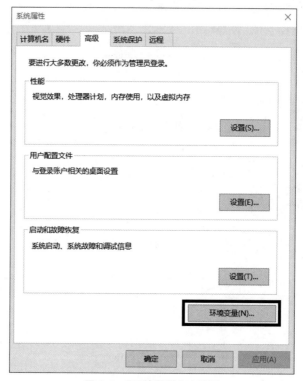

图 1.4 "系统属性"对话框

在图 1.5 中单击"系统变量"中的 path,再单击"编辑"按钮就可以编辑该环境变量。在变量值开始处加上 Python 的安装目录,后面用";"与其他值分隔开即可。

例如,Python 安装在 D 盘的 Python 3_7 目录,只要在 path 变量中加入"D:\Python3_7;"即可。测试是否成功的方法是切换到 DOS 控制台,输入 Python,如果显示版本等相关信息,说明配置成功。如果出现"Python 不是内部或外部命令,也不是可运行的程序或批处理文件"的错误提示,说明配置不成功。

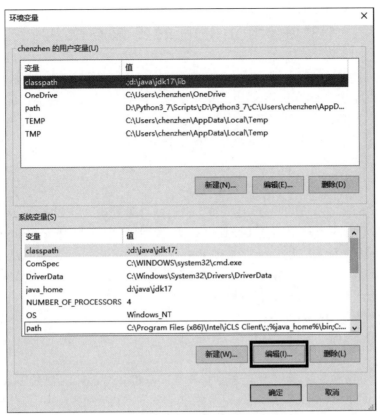

图 1.5　"环境变量"对话框

1.2.4　Python 程序的执行方式

Python 是解释型脚本语言,代码在运行时是逐句解释执行的,不需要进行预编译,但 Python 需要有自身的解释器。执行 Python 程序有两种方式:一种是交互器方式;另一种是文件执行方式。

1. 交互器方式

交互器方式就是在启动 Python 后,在提示符>>>后直接输入命令的方式,该方式的缺点是程序不能永久保存,主要用于命令简单的语法测试。

2. 文件执行方式

文件执行方式就是把编写的程序代码放在一个文件中,然后通过解释器执行。

如何在 Python 中以文件执行方式输出"hello world!!"? 首先,打开记事本,在记事本中写 print(hello world!!),把文件另存为 hello.txt,注意保存时要选择编码为 UTF-8,把文件存在 D 盘根目录下。然后切换到 DOS 界面,输入 Python.exe D…\hello.txt,此时就会输出"hello world!!"。这种方式称为文件执行方式。

1.3 Python IDE 的安装与使用

PyCharm 是由 JetBrains 团队研发的用于开发 Python 应用程序的 IDE,带有一整套可以帮助用户在使用 Python 语言开发时提高其效率的工具,如程序调试、语法高亮、Project 管理、代码跳转、智能提示、自动完成、单元测试、版本控制。此外,该 IDE 提供了一些高级功能,以用于支持 Django 框架下的专业 Web 开发。

1.3.1 PyCharm 的安装

安装 PyCharm 的计算机需要 4GB 或 8GB 内存(最好是 8GB 内存),大于 1.5GB 的硬盘空间,显示器的分辨率高于 1024×768 像素,且已安装 Python 2(Python 2.6 或 Python 2.7)或 Python 3(Python 3.4 至 Python 3.7)。PyCharm 有 Professional(专业版)、Community(社区版)和 Educational(教育版),其中,专业版主要是商业使用,社区版与教育版是开源且免费的,性能没有专业版好。

PyCharm 安装过程如下。

(1) 登录 https://www.jetbrains.com/pycharm/官网,下载 PyCharm 社区版安装包。

(2) 单击安装包安装,然后用记事本打开 hosts 文件,Windows 系统 hosts 文件路径为 C:\Windows\System32\drivers\etc,文件内容如下。将 0.0.0.0 account.jetbrains.com 添加到 hosts 文件最后。

```
#Copyright (c) 1993-2009 Microsoft Corp.
#This is a sample HOSTS file used by Microsoft TCP/IP for Windows.
#This file contains the mappings of IP addresses to host names. Each
#entry should be kept on an individual line. The IP address should
#be placed in the first column followed by the corresponding host name.
#The IP address and the host name should be separated by at least one
#space.
#Additionally, comments (such as these) may be inserted on individual
#lines or following the machine name denoted by a '#' symbol.
#For example:
#     102.54.94.97     rhino.acme.com          #source server
#     38.25.63.10      x.acme.com              #x client host
#localhost name resolution is handled within DNS itself.
#    127.0.0.1       localhost
#    ::1             localhost
0.0.0.0 account.jetbrains.com
```

(3) 打开 PyCharm 进入激活界面,选中 Activation code 单选按钮,填入注册码,确定后完成注册,如图 1.6 所示。

图 1.6　PyCharm 注册界面

（4）启动 PyCharm，就可以进行项目开发了。

1.3.2　PyCharm 的使用

1. PyCharm 的启动与项目创建

（1）安装好 PyCharm 后，在桌面上双击 PyCharm 图标就可以启动 PyCharm，启动后出现如图 1.7 所示的 PyCharm 对话框。

图 1.7　PyCharm 对话框

（2）选择 Create New Project，打开如图 1.8 所示的 Create New Project 对话框。在该对话框中输入项目名、路径、项目类型，选择 Python 解释器。如果没有出现 Python 解释器，则单击 Interpreter 文本框右侧的 ⋯ 进入步骤（3）。

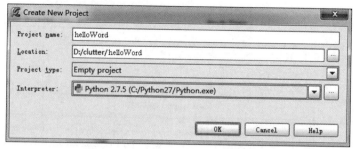

图 1.8 Create New Project 对话框

（3）选择 Python 解释器。可以看到，一旦添加了 Python 解释器，PyCharm 就会扫描出已经安装的 Python 扩展包和这些扩展包的最新版本，如图 1.9 所示。

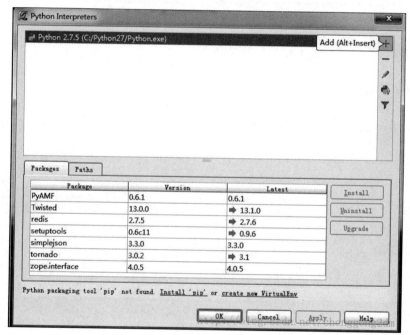

图 1.9 Python Interpreters 对话框

（4）单击 OK 按钮，会创建一个空项目，里面包含一个 .idea 的文件夹，用于 PyCharm 管理项目。

2. 在项目中创建 Python 文件

右击刚建好的 helloWord 项目，选择 New→Python File，如图 1.10 所示，在弹出的对话框中输入文件名，如 hello_world，单击 OK 按钮可进入如图 1.11 所示的程序文件编辑界面。

注意：Python 文件的扩展名为 py。

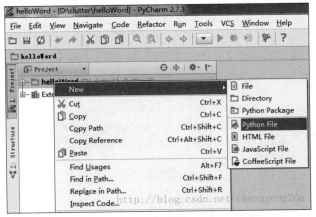

图 1.10　创建文件级联菜单

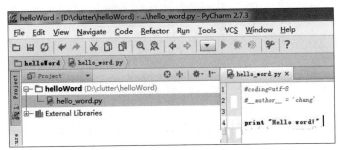

图 1.11　程序文件编辑界面

3. 设置控制台

运行程序文件之前，PyCharm 菜单下的"运行"和"调试"工具都是灰色的，是不可触发状态。为了运行程序，需要配置控制台。配置控制台的方法如下。

（1）单击图 1.12 运行旁边的黑色倒三角▼，进入如图 1.13 所示的 Run/Debug Configurations 界面，也可以单击 Run→Edit Configurations。

（2）在 Run/Debug Configurations 界面里，单击绿色的加号，新建一个配置项，并选择 Python，如图 1.13 所示。

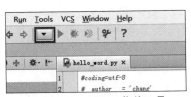

图 1.12　PyCharm 菜单工具

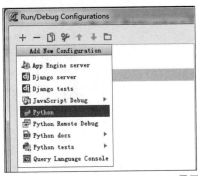

图 1.13　Run/Debug Configurations 界面

（3）选择 Python 后，系统弹出如图 1.14 所示的配置对话框。在 Name 文本框中输入一个名字，在此输入 hello_word。在 Scrip 选项中找到输入的 hello_word.py。

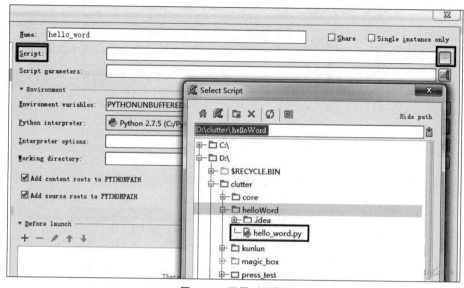

图 1.14　配置对话框

（4）单击 OK 按钮，自动返回到编辑界面，这时候"运行""调试"按钮全部变绿，表示配置成功。单击绿色的"运行"按钮，可以看到输出的结果。

4. 断点调试

断点是程序调试器的功能之一，它可以让程序中断在需要的地方，从而方便其分析。设置断点是为了调试状态下运行程序，使得编程人员可以看到程序运行过程中的数据变化情况，检验代码是否正确。

（1）设置断点。在代码前面，行号的后面，单击，就可以设置断点，如图 1.15 所示。

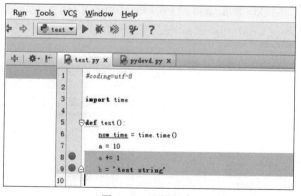

图 1.15　设置断点

（2）调试断点。单击工具栏中绿色的甲虫图标进行断点调试。单击后会运行到第一个断点,单击 Step Over 工具或按 F8 键,继续往下运行到下一个断点。

1.4 小 结

本章主要介绍了 Python 语言的发展历程、Python 语言的特点及应用,然后介绍了 Python 环境搭建以及 Python IDE 的安装与基本的使用方法。通过本章学习,读者应该初步认识了 Python,且能够完成 Python 开发环境的搭建,环境变量的配置,对 Python 程序的执行方式有了基本的认识,为后续学习程序设计做好一些基本的准备。

1.5 练 习 题

1. 填空题

(1) Python 是一种_____的高级程序设计语言。

(2) Python 可以在多种平台上运行,这体现了 Python 语言的_____的特点。

(3) Python 3.x 默认使用的编码是_____。

(4) Python 是_____脚本语言,在执行时逐语句解释执行,不需要进行预编译。执行 Python 程序有_____与_____两种方式。

(5) 用 Python 语言编写的源程序文件存储时的扩展名是_____。

2. 判断题

(1) Python 是一种跨平台、开源、免费的高级动态编程语言。　　　　(　　)

(2) Python 3.x 完全兼容 Python 2.x。　　　　　　　　　　　(　　)

(3) 在 Windows 平台上编写的 Python 程序无法在 UNIX 平台运行。　(　　)

(4) 不可以在同一台计算机上安装多个 Python 版本。　　　　　　(　　)

(5) 使用 pip 工具升级科学计算扩展库 numpy 的完整命令是 pip install-upgrade numpy。　　　　　　　　　　　　　　　　　　　　　　(　　)

3. 简答题

(1) 简述 Python 的特点与主要应用领域。

(2) Python 环境变量如何配置?

(3) 简述 Unicode 与 UTF-8 编码的相同点与区别。

4. 实验题

(1) 下载 Python 3.7 版本,完成安装且配置好环境。

(2) 下载 PyCharm,完成安装。

(3) 使用 PyCharm 编写输出"hello world!!"的程序。

第 2 章

Python 语言基础知识

导读

本章介绍 Python 高级程序设计语言的基础知识,包括的主要内容有 Python 中标准输入输出方法、常量与变量、运算符、程序流行控制,以及 Python 中的注释、逻辑行与缩进等。俗话说,磨刀不误砍柴工。本章内容是学习与使用 Python 编程的基础。

2.1 标准输入输出方法

Python 3 中专门定义了内置方法 input 与 print 用于标准输入与输出。

2.1.1 标准输入

标准输入即键盘输入。在编程过程中,如果程序要求用户从键盘输入数据,可以使用 Python 内置方法 input。例如:

```
name = input("your name:")
```

执行该语句时,在控制台中显示"your name:",程序运行会暂停,等待用户从键盘输入数据,且把输入的字符串对象放在计算机的堆内存中,然后让 name 变量指向该字符串对象。

注意:input()方法接收的数据为字符串数据。如果要把输入转化为整型数据,可以使用内置方法 int。当然,也可以使用 eval 内置方法取消字符串的定界符。见如下示例:

```
>>>age=input("请输入年龄:")
请输入年龄:28
>>>print(type(age))
<class 'str'>
>>>
>>>age=int(input("请输入年龄:"))
请输入年龄:28
>>>type(age)
<class 'int'>
```

从上面示例可以看出,输入的数据是字符串类型的数据,通过 int 方法把输入的数据转化为了整型数据。见如下示例:

```
>>>age=eval(input("请输入年龄:"))
请输入年龄:28
>>>type(age)
<class 'int'>
```

从上面示例可以看出,输入的数据是字符串类型的数据,通过 eval 方法把输入数据的定界符取消,取消定界符后就成了整型数据。

说明:type 方法返回对象的数据类型。

2.1.2　标准输出方法

标准输出也称为屏幕输出。在编程过程中,如果需要把数据输出到屏幕,可以使用 Python 内置方法 print。print 可以输出多个对象的值,且能改变多个值之间的分隔符。例如:

```
#使用默认分隔符
>>>print(1,3,5)
1 3 5
```

```
#使用指定的分隔符
>>>print(1,3,5, sep=':')
1:3:5
```

认真阅读如下程序,理解标准输入与标准输出方法的使用及 type 方法与 str 方法的作用:

```
name =input("your name:")
math_score=input("math score:")        #input 接收的数据为字符串
english_score=input("english score:")
print( type(name),type(math_score),type(english_score) )
                                       #type 测试对象的数据类型
print("Your name:",name)
#str 方法是把对象转换成字符串
print("Total:" +str(int(math_score)+int(english_score)))
#该程序的输入与输出为
your name:chenzhen
math score:76
english score:83
<class 'str'><class 'str'><class 'str'>
Your name: chenzhen
Total:159
```

2.2 变量与常量

2.2.1 变量

1. 变量的概念

变量(variables)即变化的量,核心是"变"与"量"两个字,变即变化,量即衡量状态。在 Python 程序设计语言中,引入变量是为了存储程序运算过程中的一些中间结果,便于后面的代码使用该变量的值。在计算机中,程序执行的本质就是一系列状态的变化,变是程序执行的直接体现,所以需要用变量反映或者说是保存程序执行时状态以及状态的变化。

2. 变量的命名规则

变量命名须遵循如下规则。

(1) 要具有描述性,能体现变量所存储值的属性。

(2) 变量名只能由下画线(_)、数字、字母组成,不可以包含空格或 #、?、<、,、.、¥、$、*、!、~等特殊字符。

(3) 不能以中文为变量名。

(4) 不能以数字开头。

(5) 变量名严格区分大小写。

(6) Python 的保留字符不能作为变量名,保留字符也称为关键字。如 and、as、assert、break、class、continue、def、del、elif、else、except、exec、finally、for、from、global、if、import、in、is、lambda、not、or、pass、print、raise、return、try、while、with、yield 等都不能用作变量名。

注意:变量名不要用中文,不宜过长,切忌词不达意。

3. 变量的定义方式

业内对变量的定义方式习惯使用驼峰体与下画线两种命名方式,推荐使用下画线命名方式。

驼峰体命名法:当变量名由一个或多个单字连接在一起构成标识符时,第一个单词的首字母用小写;后面的每个单词首字母用大写,其余字母都用小写。例如,myApp,myFirstName,numberOfStudents 就属于驼峰体命名方式。

下画线命名方法:当变量名由一个或多个单词连接在一起构成标识符时,每个单词字母都用小写,单词与单词之间用下画线连接。例如:my_name,first_num,age_of_boy,number_of_students 就属于下画线命名方式。

4. 变量的存储

变量存储在内存中有地址(id)、类型(type)与值(value)3 个属性,id 是所指向对象在内存中的起始地址,type 是变量所指向对象数据的类型(在 Python 中,变量本身是没有类型的),value 是指向对象的值。在 Python 中比较变量有 == 与 is 两种方式：== 比较的是变量的 value,如果两个变量的 value 相同,则变量的 type 一定相同,但 id 可能不同;is 比较的是两个变量的 id,如果两个变量 id 相同,意味着 type 和 value 一定相同,因为 id 相同,说明两个变量是指向同一个对象。认真阅读下面代码及输出,正确理解变量的 id、type 与 value 属性。

```
>>>x=3
>>>y=4
>>>id(x)
140718166500240
>>>id(3)
140718166500240
>>>id(4)
140718166500272
>>>id(y)
140718166500272
>>>x==y
False
>>>
>>>x is y
False
>>>
```

```
>>>name1="lili"
>>>name2=name1
>>>id(name1)
2594797068656
>>>id(name2)
2594797068656
>>>name1 is name2
True
>>>name1==name2
True
```

在第一段代码中,变量的定义与赋值过程：x=3 语句执行时,首先在栈内存中定义一个变量 x,把 3 这个数据对象放在计算机的堆内存中,然后把栈内存中的 x 指向堆内存的数据对象 3。引用 x 时就是引用数据对象 3。如图 2.1 所示,从左框中也可以看出,id(3)与 id(3)显示的地址是同一个地址。变量 x 与 y 的内存分配如图 2.1 所示。

在第二段代码中,执行 name1="lili"时,在栈内存中创建一个变量 name1,在堆内存中存放了一个字符串对象,且把变量 name1 指向字符串的起始地址。执行 name2=name1 时,在栈内存中创建一个变量 name2,且把 name2 也指向堆内存的 lili 对象的起始地址。这样 name1 与 name2 指向了同一个对象。引用 name1 与 name2 时就是引用 lili。name1 与 name2 的内存分配如图 2.2 所示。

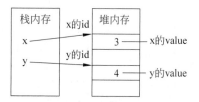

图 2.1 变量 x、y 的内存分配

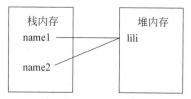

图 2.2 name1 与 name2 的内存分配

再看下一段代码：

```
>>>x=6
>>>print(id(x))
140718234133488
>>>y=6
>>>print(id(y))
140718234133488
>>>x=x+1
>>>print(id(x))
140718234133520
>>>print(id(y))
140718234133488
>>>
```

从上段代码可以看出，在 Python 中，变量是以内容为基准而不是像 C 中以变量名为基准，所以只要数字是 6，无论变量名是什么，这些变量的 id 是相同的，同时也就说明了 Python 中一个数据用多个名称去访问。变量的数值发生变化，就产生一个新的对象，且变量指向该对象。代码执行时，内存中变量的指向情况如图 2.3 所示。

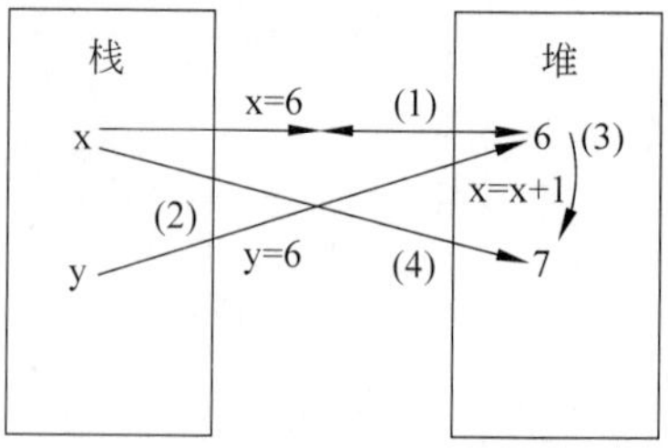

图 2.3 内存中变量的指向情况

2.2.2 常量

常量指不变的量或在程序运行过程中不会改变的量（如 PI＝3.1415926）。在 C 语言中有专门的常量定义语法"const int COUNT＝60；"，COUNT 一旦定义为常量，就不能再更改它的值，即如果更改，程序在编译时就会报错。在 Python 中，常量也称为次变量，即常量的值是可以改变的。常量用全部大写字母的变量名表示，例如，AGE_OF_OLDFRIEND＝60 定义了一个常量，在该常量定义的后续代码中可以给 AGE_OF_ OLDFRIEND 重新赋值。因此，在 Python 中，变量与常量唯一的区别就是常量全部用大写字母命名，以此来区分变量。

2.3　运　算　符

运算符是一种可以操纵操作数值的结构。如表达式 10+30＝40,其中 10 和 20 称为操作数,＋则称为运算符。Python 语言支持算术运算符、赋值运算符、关系运算符、逻辑运算符、位运算符、成员运算符与身份运算符。

注意: Python 放弃了自增与自减运算符!

2.3.1　算术运算符与赋值运算符

算术运算符有＋(加)、一(减)、*(乘)、/(除)、%(模)、**(幂)、//(地板除)7 种。假设变量 a 的值是 10,变量 b 的值是 3,相对应的算术运算与结果如表 2.1 所示。

表 2.1　算术运算符

运算符	描　　述	示　　例
＋	加法运算,将运算符两边的操作数相加	a＋b＝13
－	减法运算,将运算符左边的操作数减去右边的操作数	a－b＝7
*	乘法运算,将运算符两边的操作数相乘	a * b＝30
/	除法运算,用右操作数除左操作数	a / b＝3.3333
%	模运算,用右操作数除左操作数并返回余数	a % b＝1
**	指数(幂)计算	a ** b＝1000
//	地板除法运算,不管操作数为何种数值类型,总是会舍去小数部分,返回数字序列中比真正的商小的最接近的数字	a // b＝3 －a // b＝－4 －a //－b＝3

看如下代码与执行结果:

```
>>>a=10
>>>b=3
>>>print(a+b,a-b,a * b,a/b,a%b,a * * 3,a//b, -a//b,-a//-b,sep=" ,")
13 ,7 ,30 ,3.3333333333333335 ,1 ,1000 ,3 , -4 ,3
```

Python 中的赋值运算符有＝、＋＝、－＝、*＝、/＝、//＝、**＝、%＝ 8 种,其作用如表 2.2 所示。

表 2.2　赋值运算符

运算符	描　　述	示　　例
＝	将右操作数的值赋给左操作数	c＝a＋b

续表

运算符	描　　述	示　　例
＋＝	将右操作数相加到左操作数,且将结果赋给左操作数	c＋＝a 等价于 c＝c＋a
－＝	从左操作数中减去右操作数,且将结果赋给左操作数	c－＝a 等价于 c＝c－a
＊＝	将右操作数与左操作数相乘,将结果赋给左操作数	c＊＝a 等价于 c＝c＊a
/＝	将左操作数除以右操作数,将结果赋给左操作数	c/＝a 等价于 c＝c/a
％＝	求左操作数除以右操作数的模,将模赋给左操作数	c％＝a 等价于 c＝c％a
＊＊＝	执行指数(幂)计算,将结果赋给左操作数	c＊＊＝a 等价于 c＝c＊＊a
//＝	运算符执行地板除法运算,将结果赋给左操作数	c//＝a 等价于 c＝c//a

2.3.2　关系运算符与逻辑运算符

关系运算是比较运算符两边的值,并确定它们之间的关系。关系运算符有＝＝(等于)、!＝(不等于)、＞(大于)、＜(小于)、＞＝(大于或等于)、＜＝(小于或等于)6 种。假设变量 a 的值 10,变量 b 的值是 3,相对应的关系运算如表 2.3 所示。

表 2.3　关系运算符

运算符	描　　述	示　　例
＝＝	如果两个操作数的值相等,则为真	a＝＝b 为 False
!＝	如果两个操作数的值不相等,则为真	a!＝b 为 True
＞	如果左操作数的值大于右操作数的值,则为真	a＞b 为 True
＜	如果左操作数的值小于右操作数的值,则为真	a＜b 为 False
＞＝	如果左操作数的值大于或等于右操作数的值,则为真	a＞＝b 为 True
＜＝	如果左操作数的值小于或等于右操作数的值,则为真	a＜＝b 为 False

看如下代码与执行结果:

```
>>>a=10
>>>b=3
>>>print(a==b,a!=b,a>b,a<b,a>=b,a<=b,sep=":")
False:True:True:False:True:False
>>>
```

Python 支持 and(与)、or(或)、not(非)3 种逻辑运算符。假设变量 a 的值为 True,变量 b 的值为 False,相对应的逻辑运算如表 2.4 所示。

表 2.4 逻辑运算符

运算符	描　述	示　例
and	如果两个操作数都为真,则结果为真	a and b 的结果为 False
or	如果两个操作数中的任何一个为真,则结果为真	a or b 的结果为 True
not	用于反转操作数的逻辑状态	not(a)的结果为 False

2.3.3 位运算符

位运算符执行二进制逐位运算。位运算符有 &(位与运算)、|(位或)、^(位异或)、<<(二进制左移)与>>(二进制右移)5 种。假设变量 a=63,变量 b=255,它们对应的二进制:a 的二进制为 0011 1111,b 的二进制为 1111 1111。位运算符如表 2.5 所示。

表 2.5　位运算符

运算符	描　述	示　例
&	把两个操作数的二进制位逐位与运算,规则是 0&0=0,0&1=0,1&0=0,1&1=1,把结果返回	a & b=63 二进制是 0011 1111
|	把两个操作数的二进制位逐位或运算,规则是 0|0=0,0|1=1,1|0=1,1|1=1,把结果返回	a|b=255 二进制是 1111 1111
^	把两个操作数的二进制位逐位异或运算,规则是 0^0=0,1^1=0,1^0=1,0^1=1,把结果返回	a ^ b=192 二进制是 1100 0000
<<	二进制左移,左操作数的值由右操作数指定的位数左移,尾部用 0 填补	a << 2=252 二进制是 1111 1100
>>	二进制右移,左操作数的值由右操作数指定的位数右移	a >> 2=15 二进制是 0000 1111

阅读下面代码,理解位运算符的作用。Python 的内置函数 bin()可用于获取整数的二进制表示形式。

```
>>>a=63
>>>b=255
>>>c=64
0b111111
>>>print(bin(a),bin(b),bin(c),sep="---")
0b111111---0b11111111---0b1000000
>>>print(a&b,bin(a&b),a|b,bin(a|b),a^b,bin(a^b),sep="--")
63--0b111111--255--0b11111111--192--0b11000000
>>>print(a<<2,bin(a<<2),a>>2,bin(a>>2),sep="--")
252--0b11111100--15--0b1111
```

2.3.4　成员运算符与身份运算符

成员运算符是测试给定值是否为序列中的成员,如字符串、列表或元组等。成员运算符有 in 和 not in 两个,其作用如表 2.6 所示。

表 2.6　成员运算符

运算符	描　　述
in	如果在指定的序列中找到一个变量的值,则返回 True,否则返回 False
not in	如果在指定序列中找不到变量的值,则返回 True,否则返回 False

例如,表达式 3 in[5,4,3,7]的值为 True,表达式 7 not in[5,4,3,7]的值为 False。

身份运算符比较两个对象的内存地址。常用的有 is 与 is not 两个身份运算符,作用如表 2.7 所示。

表 2.7　身份运算符

运算符	描　　述
is	如果运算符任一侧的变量指向相同的对象,则返回 True,否则返回 False
is not	如果运算符任一侧的变量指向相同的对象,则返回 True,否则返回 False

2.3.5　运算符优先级

表 2.8 列出了从最高优先级到最低优先级的所有运算符。

表 2.8　运算符优先级

序号	运　算　符	描　　述
1	**	指数(幂)运算
2	+、-	一元加、减
3	*、/、%、//	乘、除、模和地板除
4	+、-	二元加、减
5	>>、<<	二进制右移、二进制左移
6	&	按位与
7	^|	按位异或、按位或
8	<、>、<=、>=	关系运算符
9	<>、==、!=	关系运算符
10	=、%=、/=、//=、-=、+=、*=、**=	赋值运算符
11	is、is not	身份运算符
12	in、not in	成员运算符
13	not、or、and	逻辑运算符

2.4　程序流程控制

计算机程序在解决某个具体问题时，有 3 种执行方式，即顺序执行所有的语句、选择执行部分的语句和循环执行部分语句。这 3 种方式对应着程序设计中的 3 种程序执行结构流程，即顺序结构、选择结构与循环结构。Python 与其他语言一样，也具有这三种程序基本结构。

2.4.1　选择结构

1. 单个 if 语句

单个 if 语句的语法如下：

```
if expression:
    statement(s)
```

if 语句由一个布尔表达式，后跟一个或多个语句组成 if 的语句块。expression（表达式）可以是一个单纯的布尔值或变量，也可以是比较表达式或逻辑表达式，expression 的值来决策 statement(s) 语句块是否执行。如果布尔表达式值为 True，则执行 if 语句内的语句块；如果布尔表达式的值为 False，则执行块结束后的语句。

注意：在 Python 中，语句块要均匀缩进，所有数据类型都自带布尔值，None、0、空（空字符串、空列表、空字典等）3 种情况布尔值为 False，其余均为 True。

看如下示例：

```
var =10
if ( var==10 ) :
    print ("Value of expression is "+string(var))
print ("Good bye!")
```

当执行上述代码时，会产生以下结果：

```
Value of expression is 10
Good bye!
```

如果把 var=10 改为 var=5，语句 print ("Value of expression is "+string(var)) 就不会执行，则只输出"Good bye!"。在这里思考一个问题，如果语句 print ("Good bye!") 也缩进 4 个字符，上述执行是什么情形？

2. if…else 语句

```
if expression:
```

```
    statement1(s)
else:
    statement2(s)
```

该 if 语句跟随了一个可选的 else 语句,该语句的执行决策:当 if 语句的布尔表达式 (expression)为 True 时,则执行表达式后的 statement1(s)语句块;当 if 语句的布尔表达式为 False 时,则执行 else 后的 statement2(s)语句块。

看如下示例:

```
amount = int(input("Enter amount: "))  #也可以写成 eval(input("Enter amount: "))
if amount<1000:
    discount = amount * 0.05
    print ("Discount",discount)
else:
    discount = amount * 0.10
    print ("Discount",discount)
print ("Net payable:",amount-discount)
```

在上述示例中,根据输入量计算折扣。如果金额低于 1000 元,折扣率为 5%,如果超过 10 000 元,折扣率为 10%。分别执行上述代码,会产生以下结果:

```
Enter amount: 800
Discount 40.0
Net payable: 760.0
Enter amount: 1500
Discount 150.0
Net payable: 1350.0
```

3. if…elif…else 语句

在编程过程中,当需要在条件为 True 后再检查其他条件时需要使用该语句。在一个嵌套的 if 构造中,可以有一个 if…elif…else 构造在另一个 if…elif…else 结构中。

该语句的语法如下:

```
if expression1:
    statement1(s)
elif expression2:
    statement2(s)
elif expression3 :
    statement3(s)
else:
    statementn(s)
```

使用 if…elif…else 语句时,如果 expression1 为 True,执行 statement1(s)语句块;如果 expression1 为 False,则跳过 statement1(s)语句块,进行下一个 elif 的判断,且采用同样的判断与执行方式。只有在所有表达式都为假的情况下,才会执行 else 中的 statementn(s)语句块。

下面的程序是我国个人工资应交所得税的简单算法程序,阅读该程序,正确理解 if…elif…else 语句的使用方法。

```python
salary = int(input("enter number:"))
if salary <=5000:
    tax=0
elif salary <=8000:
    tax=( salary -5000) * 3/100
elif salary <=17000:
    tax=3000 * 3/100+( salary -5000-3000) * 0.1
elif salary <=30000:
    tax=3000 * 3/100+9000 * 0.1+( salary -12000-5000) * 0.2
elif salary <=40000:
    tax=3000 * 3/100+9000 * 0.1+13000 * 0.2+( salary -25000-5000) * 0.25
elif salary <=60000:
    tax=3000 * 3/100+9000 * 0.1+13000 * 0.2+10000 * 0.25+( salary -35000-5000) * 0.3
elif salary <=85000:
    tax=3000 * 3/100+9000 * 0.1+13000 * 0.2+10000 * 0.25+20000 * 0.3+( salary -55000-5000) * 0.35
else:
    tax=3000 * 3/100+9000 * 0.1+13000 * 0.2+10000 * 0.25+20000 * 0.3+25000 * 0.35+( salary -85000) * 0.45
print ("Tax is",tax," RMB")
print ("The after-tax salary is",salary-tax, "RMB")
```

执行上述代码,会产生以下结果:

```
enter number:12000
Tax is 490.0   RMB
The after-tax salary is 11510.0 RMB
enter number:60000
Tax is 12090.0   RMB
The after-tax salary is 47910.0 RMB
```

2.4.2 循环结构

在程序设计过程中,有些算法需要多次执行同一段代码,这就需要采用循环结构来设计程序。Python 语言提供了如下循环语句来实现多次执行语句或语句块。

1. while 循环

while 循环,也称为条件循环,语法如下:

```
while expression:
    statement(s)
```

在该语句中,条件表达式(expression)可以是任何表达式,True 是任何非零值。statement(s)是循环体,statement(s)可以是一个单一的语句或一组具有统一缩进的语句块。当表达式为 True 时执行 statement(s)语句块,当表达式变为 False 时,程序控制跳转到循环体之后的代码执行。

在该循环语句中,while 循环的一个关键点在于循环可能不会运行。当条件被测试并且结果为 False 时,循环体将被跳过,执行 while 循环块之后的第一个语句。

阅读下列代码,理解 while 的使用方法。

```
count =1
while (count <=9):
    if count%3==0:
        print ('The count is:', count)
    count =count +1
print ("Good bye!")
#程序的输出结果为:
The count is: 3
The count is: 6
The count is: 9
Good bye!
```

在上面输出结果中,if 至 count 3 条语句组成的语句块将重复执行,直到 count 大于 9 时退出。

2. for 循环

for 循环,也称为迭代循环(迭代即重复相同的逻辑操作,每次操作都是基于序列项目的元素),迭代循环是 Python 中最强大的循环结构。for 循环可以遍历任何序列的项目,如一个列表、一个元组、一个集合、一个字典或一个字符串等迭代对象。

for 循环的一般格式如下:

```
for iterating_var in Iteration_project:
    statements(s)
```

for 的每次循环, iterating_var 迭代变量被设置为 Iteration_project, Iteration_project 提供给 statements(s)语句块中的语句使用。Iteration_project 可以是可迭代项目,如字符串、列表、元组、字典、集合与生成器类型对象,也可以是迭代器。可迭代对象元素、生成器与迭代器等相关知识会在 5.6 节中介绍。

如果 Iteration_project 包含表达式,则首先进行评估求值。然后,Iteration_project 中的第一个元素被分配给迭代变量 iterating_var,然后执行 statement(s)语句块。Iteration_project 中的每个元素都分配给 iterating_var,并且执行语句块,直到整个对象耗尽完成。

阅读下面程序代码,根据输出理解 for 的执行过程。

```
msg="hello"
for i in msg:
    print(i)
#程序的输出为 h  e  l  l  o
```

在上述代码中,i 为迭代变量;msg 为字符串,字符串的每个元素是有索引值的。字符串的索引从 0 开始,字符 o 的索引是 4,该 for 循环通过索引遍历每个字符,直到索引是 4 后就结束循环。

说明:for 循环可遍历迭代对象或迭代器,迭代对象就是一个具有 next()方法的对象,object.next()每执行一次,返回项目的一个元素,所有元素迭代完后,迭代器就引发一个 StopIteration 异常,告诉程序循环结束。for 语句在内部调用 next()并捕获异常。

for 循环遍历迭代器或可迭代对象与遍历序列的方法并无区别,只是在内部做了调用迭代器 next(),并捕获异常,终止循环的操作。

在 for 循环中可以使用 range()函数生成算术化的迭代器,如果需要遍历数字序列,可以使用内置 range 方法来生成数列。

语法:

```
range(start,end,step=):
```

例如:

range(10):默认 step=1,start=0,生成可迭代对象[0,1,2,3,4,5,6,7,8,9]序列,注意可迭代对象不包括 10。

range(1,10):指定 start=1,end=10,默认 step=1,生成可迭代对象[1,2,3,4,5,6,7,8,9]序列。

range(1,10,2):指定 start=1,end=10,step=2,生成可迭代对象 [1,3,5,7,9]。

用下列 for 循环可以输出 0,2,4,6,8。

```
for i in range(0,10,2):
    print(i)
#输出为 0、2、4、6、8
```

在 for 循环中,按序列索引迭代的实现方法:迭代遍历每个项目的另一种方法是通过索引偏移到序列的索引位置。以下是一个简单的示例,当执行上述代码时,会产生如下的结果。

```
fruits =['banana', 'apple',  'mango']
for index in range(len(fruits)):
    print ('Current fruit :', fruits[index])
print ("Good bye!")
#程序的输出结果为:
Current fruit : banana
Current fruit : apple
Current fruit : mango
Good bye!
```

说明：内置 len 方法是计算列表中的元素个数提交给内置 range 方法生成迭代的实际顺序。

Python 编程语言允许在一个循环中使用另外一个循环，while 循环的嵌套格式与 for 循环的嵌套格式分别如下：

```
while expression:
    while expression:
        statement(s)
    statement(s)


for iterating_var in Iteration_project:
    for iterating_var in Iteration_project:
        statements(s)
    statements(s)
```

注意：与其他语言一样，在 Python 中可以将任何类型的循环放在任何其他类型的循环中。例如，for 循环可以在 while 循环或 for 循环内，反之亦然。

3. 循环中的 else 语句

Python 支持与循环语句相关联的 else 语句。如果 else 语句与 while 循环一起使用，则在条件变为 False 时执行 else 语句。如果 else 语句与 for 循环一起使用，则在循环遍历迭代项目结束后执行 else 语句。

以下程序说明了 else 语句与 while 语句的组合，该语句在变量 count<5 时输出 * is less than 5，当 count 大于 5 时执行 else 语句。

```
count =0
while count <5:
    print (count, " is  less than 5")
    count =count +1
else:
    print (count, " is not less than 5")
#程序的输出结果为:
```

```
0 is less than 5
1 is less than 5
2 is less than 5
3 is less than 5
4 is less than 5
5 is not less than 5
```

以下程序说明了 else 语句与 for 语句的组合,else 语句在循环遍历迭代项目结束后执行,程序如下:

```
fruits =['banana', 'apple',  'mango']
    for index in range(len(fruits)):
        print ('Current fruit :', fruits[index])
    else:
        print('I have finished my work')
    print ("Good bye!")
#程序的输出结果为:
Current fruit : banana
Current fruit : apple
Current fruit : mango
I have finished my work
Good bye!
```

4. 循环控制语句

循环控制语句的作用是从正常顺序更改执行路径。Python 支持表 2.9 所示的循环控制语句。

表 2.9　循环控制语句

编号	控 制 语 句	描　　　　述
1	break	终止循环并将执行转移到循环之后的语句
2	continue	使循环跳过其主体的剩余部分,返回循环开始
3	pass	当语法需要但不需要执行任何命令或代码时,就可以使用 pass 语句,此语句什么也不做,用于表示"占位"的代码,有关实现细节需要时再写

2.5　Python 的注释、逻辑行与缩进

2.5.1　注释

Python 中的注释有单行注释、批量注释(也称为多行注释)、中文注释 3 种。注释可

以起到一个备注的作用,读者如果以后从事软件开发,首先就要加入一个项目团队,一个项目团队成员编写的代码经常会被团队其他成员使用与调用。为了让他人能读懂或更容易理解代码的用途,使用注释是非常有效的方法。因此,程序员有写注释的习惯,作为初学者与初级编程人员要养成写注释的习惯。

1. 单行注释

井号(♯)常被用作单行注释符号,在代码中使用♯时,Python 解释器将♯右边的代码或数据不做解释。

例如:

♯print 1,♯后的 print 1 不会被执行,这种注释叫行注释。

"print 1   ♯输出"这种注释叫行尾注释,♯号右边的内容在执行的时候是不会被 Python 解释器解释的。

2. 多行注释

在 Python 中也会有注释有很多行的时候,要同时注释很多行,就需要批量多行注释符。多行注释是用 3 对单引号''或 3 对""""包含注释的代码或文字即可,例如:

```
'''
三对单引号,Python 的多行注释符
三对单引号,Python 的多行注释符
三对单引号,Python 的多行注释符
'''
```

同样,多行注释的内容不会被 Python 解释器解释。

3. 中文注释

在用 Python 2.x 编写代码的时候,避免不了会出现或使用中文,这时需要在文件开头加上中文注释。如果在程序的开头不声明保存编码的格式,则会默认使用 ASCII 保存文件。如果代码中有中文,则即使中文是包含在注释里面的,解释器也会报错。为了解释时能通过,就要加上中文注释。加中文注释的方式就是在程序前加上"♯ -*- coding:编码类型符 -*-"或者"♯coding=编码类型符"。加了这种中文注释后,该程序文件保存时会使用指定的编码。这种中文注释在 Python 3.x 中同样可用,只是 Python 3.x 已经支持中文,且源文件保存的默认编码为 UTF-8。如果要保存为其他编码格式,也可以加中文注释。

2.5.2 逻辑行

Python 程序最基本的组成元素是语句,一条语句可以占有一个物理行,过长的语句可以占多个物理行,此时这多个物理行组成了一个逻辑行。逻辑行在物理上虽然跨越多行,但是逻辑上是属于同一条语句。每个物理行的结尾可以是注释,♯之后到物理行结尾为止的所有字符都是注释部分,Python 解释器将忽略注释部分。

1. 空行

一个只包含注释或空格的物理行称为空行,Python 解释器将完全忽略这一行代码。另外,需要注意的是,在交互式解释器中,开发者必须输入一个空的物理行,以终止一个多行语句。这个空的物理行也称为空行,它不带任何空格或注释。

2. 逻辑行

只有一行的逻辑行,一般在 Python 中,物理行的结尾表示大多数语句的结束。在编辑器中可以用'\'将两个相邻的物理行连接成一个逻辑行,前提是连接的第一个物理行必须没有注释,'\'添加到第一个物理行的后面。下框中就是把两个物理行连接成一个逻辑行的示例。

```
Str ="This is a String .\
This is the connecting string."
print ( "Str" )
```

注意:①'\'前面的空格会被当成是物理行的内容。在 Python 中,[]、{}、()可以跨越物理行,三重引号字符串常量(包括单引号和双引号)时,也可以跨越多行。②换行的时候需要在物理行的结尾加上'\',否则会将换行符包括进去。

2.5.3　缩进

在 C、C++ 等语言中用花括号{ }表示一个语句块,Python 没有使用花括号或者其他开始和结束的定界符来表示一个语句块,而是用缩进表示语句块。在 Python 中,一个语句块中的所有语句必须使用相同的缩进,表示一个连续的逻辑行序列。使用缩进要注意如下事项。

(1) 程序文件的第一行不需要缩进(不允许以任何空格开始)。

(2) 标准 Python 风格是每个缩进级别使用 4 个空格,千万不要使用 Tab 制表符。主要原因是不同编辑器处理制表符的方式不同,有些编辑器会把制表符当成一个制表符,有的会将其看成是 4 个或 4 个以上的空格,会产生源代码中制表符和空格的使用不一的后果,这样就违反了 Python 的缩进规则。

2.6　小　　结

本章主要向读者介绍 Python 语言基础知识,内容主要包括标准输入输出方法、变量与常量、运算符、程序流程控制、Python 的注释、逻辑行与缩进等。这些知识是 Python 程序设计的必备知识,正确掌握这些知识才能正确使用 Python 编程。

2.7 练 习 题

1. 选择题

(1) 下面的变量名中_____是不合法的。

    A. student_name   B. studentAge

    C. student♯gender   D. _student_name

(2) 下面的变量名中_____是合法的。

    A. 姓名   B. for   C. while   D. PI

(3) 在下面运算符中,Python 不支持的是_____。

    A. //   B. =   C. ++   D. >>

(4) 在一段程序代码中,写入 a=5;b=5,下面_____是正确的。

    A. type(a)与 type(b)的值相同,id(a)与 id(b)的值相同,且 a==b 为 True;

    B. type(a)与 type(b)的值相同,id(a)与 id(b)的值不同,且 a==b 为 True;

    C. type(a)与 type(b)的值不同,id(a)与 id(b)的值相同,且 a==b 为 False;

    D. 以上选项描述全部错误。

(5) 在一段程序代码中,写入 a=5;b=5;a=a+1,然后用选项中的方法来查看 a 与 b 两个变量的属性,下面_____是正确的。

    A. type(a)与 type(b)的值相同,id(a)与 id(b)的值相同,且 a==b 为 True;

    B. type(a)与 type(b)的值相同,id(a)与 id(b)的值不同,且 a==b 为 False;

    C. type(a)与 type(b)的值相同,id(a)与 id(b)的值相同,且 a==b 为 False;

    D. type(a)与 type(b)的值相同,id(a)与 id(b)的值不同,且 a==b 为 True;

(6) 在 Python 中,语句组是用_____来定界的。

    A. 同样的缩进   B. {}   C. ♯   D. '''

(7) 在 Python 中,中文注释的作用是_____。该程序文件保存时会使用指定的编码。

    A. 指定该程序文件保存时会使用指定的编码。

    B. 指定该程序文件中字符串使用的编码。

    C. 告诉解释器用什么编码来解释程序代码。

    D. 指定用户编写程序时的编码。

(8) 已知 a=64,b=64,分别用 a>>2,b<<2 处理后,a 与 b 的值分别是_____。

    A. 16 256   B. 32 128   C. 128 32   D. 256 16

2. 简答题

(1) 在 Python 语言中的变量与 C、C++ 等语言中的变量有何区别?

(2) Python 中注释有哪几种,中文注释有何作用?

3. 实验题

(1) 编写在控制台输出图 2.4 菜单界面的程序。

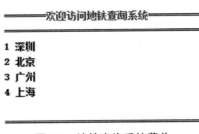

图 2.4　地铁查询系统菜单

(2) 编写一个猜数字的游戏程序。

需求：程序产生一个 [1,99] 的随机数，给用户猜。如果猜的数比产生的随机数大，则提示猜大了；如果猜的数比产生的随机数小，则提示猜小了；如果猜中，就提示猜中了。且要输出猜中该数字的次数。

提示：生成随机数的方法，导入 random 模块，调用 random.random() 方法产生 0～1 的一个浮点数。

(3) 使用循环嵌套来实现九九乘法法则，输出九九乘法表。

(4) 编写程序，运行后用户输入 4 位整数作为年份，判断其是否为闰年。如果年份能被 400 整除，则为闰年；如果年份能被 4 整除但不能被 100 整除也为闰年。

第3章

Python 的基本数据类型

chapter 3

导读

数据即变量的值,变量是用来反映/保持状态以及状态变化的。在程序设计语言中,针对不同的状态就用不同类型的数据去标识。本章介绍 Python 的数字、字符串、布尔、列表、元组、字典与集合等基本类型的数据。Python 最大的特色就是引入了列表、元组、字典与集合等特色的数据类型,这些类型数据的使用能改变读者的编程思维。

3.1 数 值 数 据

数值数据类型用于存储数值。在 Python 中,数值数据属于不可变数据类型。不可变数据类型就是当为变量分配数值数据时,Python 将创建数值对象,且把变量指向创建的数值对象,当更改指向数值对象变量的值时,Python 就重新创建新值的数值对象,把变量重新指向新的数值对象,而数值对象本身却不能被修改。例如:

```
>>>var1=10        #在栈内存中创建 var1 变量,在堆内存中创建数值对象 10,且把 var1 指向
                  #10 对象
>>>id(var1)       #返回 var1 指向的对象的地址
1742209776        #说明数值对象 10 的起始地址是 1742209776
>>>var1=20        #在堆内存中创建数值对象 20,且把 var1 指向 20 数值对象,原来的 10 仍然
                  #还在
>>>id(var1)       #返回 var1 指向的对象的地址
1742210096        #说明 var1 指向的数值对象的地址是 1742210096,不再是数值对象 10 的
                  #地址
#说明上述 var1 不是指向同一个对象
```

可以使用 del 命令删除对数值对象的引用。del 语句的语法:

```
del var1[,var2[,var3[…,varN]]]
```

见如下示例:

```
>>>var1=20
>>>id(var1)
1742210096
>>>del var1
>>>id(var1)
Traceback (most recent call last):
  File "<stdin>", line 1, in <module>
NameError: name 'var1' is not defined
```

此例说明删除 var1 后,显示 var1 对象的地址时报错"name 'var1' is not defined"。说明该对象已经不存在了。

3.1.1　Python 3 支持的数值数据类型

Python 3 支持的数值数据类型有带符号整数、浮点实数与复数 3 种。

(1) int(带符号整数):该类型通常被称为整数,是没有小数点的正或负数。

注意:Python 3 中的整数是不限大小的。

(2) float(浮点实数):该类型也被称为浮点数,表示实数。例如,2.5、3.14 就是一个浮点数,浮点数也可以用科学符号表示,如+2.5E3 或+2.5e3,表示 2.5 乘 10 的三次方。

(3) complex(复数):复数是以 a+bj 的形式表示,其中 a 和 b 是浮点,J(或 j)表示 -1 的平方根(虚数)。数据的实部是 a,虚部是 b。复数在 Python 编程中用得比较少,了解一下就可以了。

在 Python 中可以用十六进制或八进制形式表示整数,如果用十六进制表示整数,就在十六进制数前加上 0x 或 0X,如果用八进制表示整数,就在八进制数前加上 0o 或 0O,见下面例子:

```
>>>number =0xA0F #Hexa-decimal
>>>number
2575
>>>number =0o37 #Octal
>>>number
31
```

3.1.2　Python 3 中与数值相关函数

1. 数值类型转换函数

在 Python 编程过程中,有时需要把数据从一个类型转化到另一个类型,以满足运算符或函数参数的要求。Python 中有如下两个常用函数用于数据类型的转换,如表 3.1 所示。

表 3.1 数值类型转换函数

函　　数	描　　述	示　　例
int(x)	将 x 转换为纯整数	int(3.14)返回结果是整数 3。
float(x)	将 x 转换为浮点数	float(3)返回结果是浮点数 3.0。

2. 数值函数

Python 中常见的一些数值函数如表 3.2 所示。

表 3.2 数值函数

编号	函　　数	描　　述
1	abs(x)	返回 x 的绝对值
2	ceil(x)	返回不小于 x 的最小整数
3	exp(x)	返回 e 的 x 次幂
4	floor(x)	返回不大于 x 的最大整数
5	log(x)	返回 x 的自然对数(x > 0)
6	log10(x)	返回以基数为 10 的 x 的对数(x > 0)
7	max(x1,x2,…)	给定参数中的最大值,最接近正无穷
8	min(x1,x2,…)	给定参数中的最小值,最接近负无穷
9	modf(x)	将 x 的分数和整数部分切成两项放入元组中,两个部分与 x 具有相同的符号。整数部分作为浮点数返回
10	pow(x, y)	返回 x 的 y 次幂
11	round(x [,n])	返回 x 从小数点舍入到 n 位数。round(0.5)结果为 1.0,round(-0.5)结果为 −1.0
12	sqrt(x)	返回 x 的平方根(x > 0)

3. 三角函数

Python 包括的三角函数如表 3.3 所示。

表 3.3 三角函数

编号	函　　数	描　　述
1	sin(x)	返回 x 弧度的正弦值
2	cos(x)	返回 x 弧度的余弦值
3	tan(x)	返回 x 弧度的正切值
4	asin(x)	返回 x 的反正弦弧度值
5	acos(x)	返回 x 的反余弦弧度值

续表

编号	函　　数	描　　述
6	atan(x)	返回 x 的反正切弧度值
7	degrees(x)	将角度 x 从弧度转换为度
8	radians(x)	将角度 x 从度转换为弧度

4. 数学常数

在 Python 中,可以用到 pi 与 e 两个数学常量分别表示圆周率的值与 e 的值。

注意:在 Python 中要使用上述函数必须导入 math 包,导入包有两种方式,一种是用 import math,该种导入方式在使用函数时需要在函数前加上包名 math.,如 math.sqrt(x)。另一种是用"from math import ＊"命令,用此种方式导入包时,调用 math 模块中任何函数时,无须在前面加上 math,直接使用函数就可以,但使用此种方式导入时,如果用户编写了与 math 模块相同的函数,就会被导入的 math 模块中的同名函数覆盖!

5. 随机数函数

随机数用于游戏、模拟、测试、安全和隐私应用。Python 包括如表 3.4 所示的随机数函数。

表 3.4　随机数函数

编号	函　　数	描　　述
1	choice(seq)	返回列表,元组或字符串的随机项目
2	randrange ([start,] stop [,step])	返回从范围(start, stop, step)中随机选择的元素
3	random()	返回随机浮点数 $r(0 <= r < 1)$
4	seed([x])	用来确定生成的随机数,如果使用相同的 x 值,则生成的随机数相同。函数返回值为 None
5	shuffle(lst)	将列表的元素随机化,函数返回值为 None
6	uniform(x, y)	返回随机浮点数 $r(x <= r < y)$

注意:在 Python 中要使用随机数函数必须导入 random 包。

为了让读者理解 shuffle 函数与 seed 函数,在此分别以一个示例进行说明。

本示例使用 shuffle 函数对列表(list)中的元素进行随机排列。

```
import random
list =[20, 16, 10, 5];
random.shuffle(list)
print("随机排序列表 : ",list)
random.shuffle(list)
```

```
print("随机排序列表：",list)
#输出结果为：
随机排序列表:[10, 16, 5, 20]
随机排序列表:[10, 20, 16, 5]
```

本示例说明用 seed 设置相同种子数 10 时,使用 random 函数产生的随机数相同。

```
import random
random.seed( 10 )
print("Random number with seed 10 : ", random.random())
#生成同一个随机数
random.seed( 10 )
print("Random number with seed 10 : ", random.random())
#生成同一个随机数
random.seed(10)
print("Random number with seed 10 : ", random.random())
#输出结果为
Random number with seed 10 :0.5714025946899135
Random number with seed 10 :0.5714025946899135
Random number with seed 10 :0.5714025946899135
```

3.1.3   Python 3 中数值函数的应用

猜数字游戏:编写程序随即生成一个 0～100 的随机整数。程序提示用户输入一个数字,不停猜测,直到猜对为止。最后,输出猜测的数字和猜测的次数。如果用户没有猜中,要提示用户猜的值是大了还是小了。程序代码如下:

```
#author chenzhen
#date 2019/1/7
from random import *
count=0
num = int(random() * 100)+1              #产生 1~100 的随机整数
while 1:
    guess_num=input("请输入猜测的整数[1~100]:")
    if not guess_num.isdigit():    #input 方法接收的是字符串,判断输入是否为数字串
        print("输入的数无效,请重新输入!!")
        continue
    guess_num=int(guess_num)
    count+=1
    if (guess_num ==num):
        print("你猜中啦!!")
        print("你总计猜了%d次"%count)
```

```
    if count>8:
        print("你猜的次数超过了 8 次,还需继续努力!!")
    break
elif guess_num<num:
    print("你猜小啦!!")
else:
    print("你猜大啦!!")
```

3.2　字　符　串

字符串是 Python 中最受欢迎、最常用的一种数据类型。在 Python 中,加引号(单引号或双引号)的字符就是字符串类型,用于标识描述性的内容,如姓名、性别、国籍、种族等。字符串的定义方法如下:

```
str1='hello world!'
str2=str('hello world!')        #用构造方法创建字符串类型数据
```

字符串数据类型与数值数据一样是不可变数据类型,当更改字符串值时会导致重新创建与分配对象。

注意:Python 并没有字符类型,字符会被视为长度为 1 的字符串。

3.2.1　访问字符串中的字符与更新字符串

在 Python 中要访问子串,需使用方括号的切片加上索引或直接使用索引来获取子字符串。例如:

```
str1="hello world"
print("str1[0:4]:",str1[0:4])        #切片加上索引,不包括索引为 4 的字符
print("last character is:",str1[10]) #使用索引
    #输出结果为
    str1[0:4]: hell
    last character is: d
```

更新字符串可以通过将变量分配给另一个字符串来更新现有的字符串。新值可以是与其原值相关或完全不同的字符串。例如:

```
str1="hello world"
print(id(str1))
str1=str1[:6] +'Python'
print(id(str1))                #此处的 id 的值与第二行代码的输出值不一样
```

```
print ("Updated String : ", str1)      #生成"hello"与'Python'连接生成一个新字符串
#输出结果为
2056835947056
2056835947120
```

3.2.2　转义字符

在 Python 中,可以用反斜杠表示转义或不可打印字符的列表。单引号以及双引号字符串的转义字符被解析。转义字符如表 3.5 所示。

表 3.5　转义字符

反斜线符号	十六进制字符	描述/说明
\a	0x07	铃声或警报
\b	0x08	退格
\n	0x0a	新一行
\nnn		八进制符号,其中 n 在 0~7
\r	0x0d	回车返回
\s	0x20	空格
\t	0x09	制表符
\v	0x0b	垂直制表符
\x		字符 x
\xnn		十六进制符号,其中 n 在 0~9、a~f 或 A~F

看如下示例:

```
>>>print("abcd\babcd\nabcd\tabcd\r  CD")
abcabcd
    CD    abcd
>>>
```

在上面示例中,\b 是退格控制符,当输出完第一个 abcd 后,立即退一格,输出第二个 abcd 时,第二个 abcd 的字符 a 把前一个 abcd 中的 d 覆盖,\n 是新起一行,所以输时就换行输出第三个 abcd,\t 是制表符,此时输出空出 4 个空位,再输出第四个 abcd,\r 是回车符,输出回到当前行的开始位置,输出 CD 把当前行的第一个 abcd 覆盖,输出就完成了。

3.2.3　字符串特殊运算符

假设变量 a 指向字符串'hello',变量 b 指向字串值'Python',表 3.6 说明了字符串特殊运算符的作用和运算结果。

表 3.6　字符串特殊运算符

运算符	说　　明	示　　例
+	连接,将运算符两边的值连接	a+b 结果为 HelloPython
*	重复,创建新字符串,连接相同字符串的指定副本个数	a * 2 结果为 HelloHello
[]	字符串切片,给出指定索引的字符,产生原字符串的子串。注意,字符串的索引从 0 开始	a[1]结果为 e
[:]	范围切片,产生指定范围内的子字符串	a[1:4]结果为 ell
in	成员关系,如果给定字符串中存在指定的字符串,则返回 True	'll' in a 结果为 True
not in	成员关系,如果给定字符串中不存在指定的字符串,则返回 True	'll' not in a 结果为 False
r/R	原始字符串,抑制转义字符的实际含义。原始字符串的语法与正常字符串的格式完全相同,除了原始字符串运算符在引号之前加上字母 r。r 可以是小写(r)或大写(R),并且必须紧靠在第一个引号之前	print(r'\n') 将打印 \n,或者 print(R'\n') 将打印\n,要注意的是如果不加 r 或 R 作为前缀,打印的结果就是一个换行

3.2.4　字符串格式化运算符

Python 中内置的％运算符可用于格式化字符串操作,控制字符串的输出格式。当格式化字符串时需要一个字符串作为模板,模板中有格式符,这些格式符为真实输出时预留位置。Python 可用一个 tuple 或字典将多个值传递给字符串模板,每个值对应一个格式符,也可以直接用一个变量名来传替一个参数。

使用元组传替参数的格式:

```
格式化字符串 %(参数值 1, 参数值 2, …)
```

说明:格式化字符串中％为占位符,后跟类型码,占位符的位置将用参数值替换。见如下示例:

```
print("I'm %s. I'm %d year old" %('Lili', 19))
#该语句的输出为 I'm Lili. I'm 19 year old
```

在上述 print 方法中的"I'm ％s. I'm ％d year old" 为字符串模板。％s 为第一个格式符,表示输出时该位置需要用一个字符串取代,％d 为第二个格式符,表示输出时要用一个整数取代。('Lili', 19)是一个元组,元组中的两个元素按顺序分别传替给第一个％s 和第二个％d 的位置。在字符串模板和元组之间有一个％号分隔,它代表进行格式化操作。

在格式化字符串操作中也可以用字典来传参,见如下例子:

```
print("I'm %(name)s. I'm %(age)d year old" %{'name':'Lili', 'age':19})
#该语句的输出为 I'm Lili. I'm 19 year old
```

该语句中的字符串模板对两个格式符进行了命名,一个命名为 name,另一个命名为 age,且使用括号括起来。第一个命名 name 与字典中的 name 键相同,第二个命名与字典中的 age 键相同。在字典中的 name 键的值为'Lilie',age 键的取值为 19,输出时就用 Lili 代替了％(name)s,用 19 代替了％(age)d。

当然,如果只传替一个参数,就可以直接使用变量传替参数。见如下示例:

```
name="Lili"
print("I'm %s" %name)
#该语句输出为 I'm Lili
```

表 3.7 列出了可以与％符号一起使用的符号集,即字符串格式的运算符。

表 3.7　字符串格式化运算符

编号	格式化符号	转　　换
1	％s	在格式化之前通过 str()函数转换字符串
2	％i	带符号的十进制整数
3	％d	带符号的十进制整数
4	％u	无符号的十进制整数
5	％o	八进制整数
6	％x,％X	十六进制整数("x"或"X")
7	％e,％E	指数符号('e'或'E')
8	％f	浮点实数
9	％g	％f 和％e

3.2.5　字符串的内置方法

Python 提供了很多的内置函数用于处理字符串。下面介绍一些常用的内置函数。

1. center 函数

格式:

```
center(width, fillchar)
```

作用:center 函数返回一个指定的宽度 width 居中的字符串,fillchar 为填充的字符,默认为空格。

举例:字符串为 str,填充字符为"&"。

```
>>>str ="this is string example....wow!!!";
>>>print("str.center(40, '&') : ", str.center(40, '&') )
str.center(40, '&') :&&&&this is string example....wow!!!&&&&
```

2. count 函数

格式：

```
count(str, beg = 0, end = len(string))
```

作用：统计字符串里某个字符出现的次数。可选参数为在字符串搜索的开始与结束位置。

示例：

```
str = "this is string example....wow!!!";
sub = "i";
print("str.count(sub, 4, 40):", str.count(sub, 4, 40));
sub= "wow"
print ("str.count(sub) : ", str.count(sub))
#输出结果为
str.count(sub, 4, 40): 2
str.count(sub) :  1
```

3. encode 函数

格式：

```
encode(encoding = , errors = )
```

作用：把字符串按指定的编码转化为字节码，过程是 str--->（encode）--->bytes。

说明：encoding 用于指定要使用的编码名，如 encoding＝"UTF-8"。errors 用于设置不同错误的处理方案。默认为 strict，意为编码错误引起一个 UnicodeError。其他可能的值有 ignore、replace 等。

4. decode 函数

格式：

```
decode(encoding = , errors = )
```

作用：把字节码按指定的编码转化为字符串，过程是 bytes--->（decode）--->str。

说明：encoding 用于指定字节码的编码，转化后的编码为 Unicode。

encode 与 decode 方法的使用见如下示例：

```
S = "中国";
S_utf8 = S.encode("UTF-8");
S_gbk = S.encode("GBK");
```

```
print(S);
print("UTF-8 编码:", S_utf8);
print("GBK 编码:", S_gbk);
print("UTF-8 解码:", S_utf8.decode('UTF-8','strict'));
print("GBK 解码:", S_gbk.decode('GBK','strict'));
#输出结果为
中国
UTF-8 编码:b'\xe4\xb8\xad\xe5\x9b\xbd'
GBK 编码:b'\xd6\xd0\xb9\xfa'
UTF-8 解码:中国
GBK 解码:中国
```

5. endwith 函数

格式：

```
endswith(suffix, beg =0, end =len(string))
```

作用：确定字符串或字符串的子字符串（如果启动索引结束和结束索引结束）都以后缀结尾。如果是则返回 True,否则返回 False。注意结束位置要比索引大 1。

示例：

```
Str="Hello world!!"
suffix='!!'
print(Str.endswith(suffix))           #输出为 True
print(Str.endswith(suffix,11))        #输出为 True
print(len(Str))                       #输出为 13
print(Str.endswith(suffix,1,12))      #输出为 False
print(Str.endswith(suffix,1,13))      #输出为 True
```

6. join 方法

格式：

```
join(seq)
```

作用：将序列(seq)中的元素以指定的字符连接生成一个新的字符串。

示例：

```
str ="-";
seq =("a", "b", "c");    #字符串序列
print str.join( seq );
#输出结果
a-b-c
```

7. split 方法

格式：

```
split(str, num)
```

作用：用指定分隔符(str)对字符串进行切片，如果参数 num 有指定值，则分隔 num+1 个子字符串。

示例：

```
str ="Line1-abcdef \nLine2-abc \nLine4-abcd";
print(str.split());            #以空格为分隔符，包含 \n
print(str.split(' ', 1));      #以空格为分隔符，分隔成两个
#输出结果
['Line1-abcdef', 'Line2-abc', 'Line4-abcd']
['Line1-abcdef', '\nLine2-abc \nLine4-abcd']
```

8. ljust 方法

格式：

```
ljust(width[, fillchar])
```

作用：返回一个原字符串左对齐，并使用指定的填充字符填充至指定长度形成新的字符串。如果指定的长度小于原字符串的长度则返回原字符串。

示例：

```
str ="Hello PYTHON!!";
print (str.ljust(20, '*'));    #输出为 Hello PYTHON!!******
```

9. find 方法

格式：

```
find(str, beg =0 end =len(string))
```

作用：如果启动索引 beg 和结束索引 end 给定，则确定 str 是否在字符串或字符串的子字符串中，如果找到则返回索引，否则为 -1。

示例：

```
str1 ="this is string example!!";
str2 ="example";
print(len(str1));              #输出为 24
```

```
print(str1.find(str2));          #输出为 15
print(str1.find(str2, 10));      #输出为 15
print(str1.find(str2, 30));      #输出为-1
```

10. splitlines 方法

格式：

```
splitlines([keepends])
```

作用：按照行('\r', '\r\n','\n')分隔，返回一个包含各行作为元素的列表。如果参数 keepends 为 False，不包含换行符；如果参数 keepends 为 True，则保留换行符。

示例：

```
str1 ='ab c\n\nde fg\rkl\r\n'
print(str1.splitlines());
str2 ='ab c\n\nde fg\rkl\r\n'
print(str2.splitlines(True))
#输出结果为
['ab c', '', 'de fg', 'kl']
['ab c\n', '\n', 'de fg\r', 'kl\r\n']
```

11. translate 方法

格式：

```
translate(table [,deletechars])
```

说明：table 是翻译表，翻译表是通过 maketrans 方法转换而来，deletechars 是设置字符串中要过滤的字符列表。

作用：该方法根据参数 table 给出的表（包含 256 个字符）转换字符串的字符，要过滤掉的字符放到 deletechars 参数中，返回翻译后的字符串。若给出了 delete 参数，则将原来的 bytes 中的属于 delete 的字符删除，剩下的字符要按照 table 中给出的映射进行映射。

示例①：

```
intab ="aeiou"
outtab ="12345"
trantab =str.maketrans(intab, outtab)           #制作翻译表
str ="this is string example....wow!!!"
print (str.translate(trantab))
#输出结果为
th3s 3s str3ng 2x1mpl2....w4w!!!
```

示例②：

```
#制作翻译表
bytes _ tabtrans = bytes. maketrans ( b ' abcdefghijklmnopqrstuvwxyz ', b '
ABCDEFGHIJKLMNOPQRSTUVWXYZ')
#转换为大写,并删除字母 o
print(b'runoob'.translate(bytes_tabtrans, b'o'))
#输出结果为
b'RUNB'
```

12. isdecimal 方法

格式：

```
isdecimal()
```

作用：检查字符串是否只包含十进制字符。这种方法只存在于 unicode 对象。
示例：

```
>>>str1 =u"this2009";
>>>str2 =u"23443434";
>>>print(str1.isdecimal(),str1.isdecimal());
False False
```

3.3　列　　表

列表(list)是有序(有先后顺序之分)的可变(可修改)的元素集合,是 Python 中最基本的数据结构,也是最常用的 Python 数据类型。在列表中的数据项不需要具有相同的类型。列表中的每个元素都有索引值,第一个索引是 0,第二个索引是 1,依此类推,每个元素可以根据索引值来获得。

3.3.1　列表的创建与列表值的访问

列表的定义方法是把逗号分隔的不同的数据项使用方括号定界起来即可。例如：

```
list1=["大学语文", "高等数学", "英语", "政治经济学", "中国文化", "艺术欣赏"]
list2=["大学语文",87,"高等数学",84,"英语", 90]          #列表中的元素数据类型不同
list3=[["大学语文",87],["高等数学",84],["英语", 90]]      #列表中的元素为列表
```

访问列表中的值可以使用下标索引,也可以使用方括号的形式截取列表元素：

```
>>>list1=["大学语文","高等数学","英语","政治经济学","中国文化","艺术欣赏"]
>>>list1[1]
'高等数学'
>>>list1[2:4]
['英语','政治经济学']
>>>list3=[["大学语文",87],["高等数学",84],["英语",90]]
>>>list3[2]
['英语',90]
```

如果要把列表(或元组)中的元素赋给变量,如 list4＝[1,2,3,4],可以通过如下命令把列表的值赋给 a,b,c,d 变量。

```
>>>list4=[1,2,3,4]
>>>a,b,c,d=list4
>>>print(a,b,c,d)
#输出结果为
1 2 3 4
```

注意:该方法要求接收的变量个数要与列表元素一致,否则系统会报错。

3.3.2　修改或删除列表元素

由于列表是有序的、可变的元素集合,因此,列表中的元素是可以修改与删除的。修改列表中元素的值可以用赋值号(＝)给列表元素重新赋值:

```
>>>list1=["大学语文","高等数学","英语","政治经济学","中国文化","艺术欣赏"]
>>>list1[3]="宏观经济学"
>>>list1
['大学语文','高等数学','英语','宏观经济学','中国文化','艺术欣赏']
```

在 Python 中,可以使用 del 语句来删除列表或列表元素:

```
>>>list1=["大学语文","高等数学","英语","政治经济学","中国文化","艺术欣赏"]
>>>del list1[2]
>>>list1
['大学语文','高等数学','政治经济学','中国文化','艺术欣赏']#索引为 2 的元素被删除
>>>del list1                                              #删除了 list1 对象
>>>list1
Traceback (most recent call last):
  File "<stdin>", line 1, in <module>
NameError: name 'list1' is not defined
>>>list1=["大学语文","高等数学","英语","政治经济学","中国文化","艺术欣赏"]
>>>del list1[0:3]
```

```
>>>list1
['政治经济学', '中国文化', '艺术欣赏']            #删除了索引为 0~2 的元素,不包括 3。
```

也可以用 remove()方法来删除指定的元素。见如下示例:

```
>>>list1=["大学语文", "高等数学", "英语", "政治经济学", "中国文化", "艺术欣赏"]
>>>list1.remove("政治经济学")
>>>list1
['大学语文', '高等数学', '英语', '中国文化', '艺术欣赏']
>>>list3=[["大学语文",87],["高等数学",84],["英语", 90]]
>>>list3.remove(["英语",90])
>>>list3
[['大学语文', 87], ['高等数学', 84]]
```

3.3.3 列表脚本操作符与列表截取

列表脚本操作符有＋和＊两个。这两个操作符对列表的操作与对字符串操作相似。
＋用于组合列表,＊用于重复列表,如表 3.8 所示。

表 3.8 列表操作符

表 达 式	结 果	描 述
[1,2,3]+[4,5,6]	[1,2,3,4,5,6]	组合成新列表
['Hi! '] * 4	['Hi! ', 'Hi! ', 'Hi! ', 'Hi! ']	重复相应次数构成列表

列表截取与字符串截取相同,如下示例能帮助读者认识并掌握列表的截取方法。

```
>>>list1=["大学语文", "高等数学", "英语", "政治经济学", "中国文化", "艺术欣赏"]
```

通过表 3.9 的列表截取方法会得到相应的结果。

表 3.9 列表截取实例

表 达 式	结 果	描 述
List1[2]	"英语"	读取列表中第 3 个元素
List1[-2]	"中国文件"	读取列表中倒数第 2 个元素
List1[3：]	['政治经济学', '中国文化', '艺术欣赏']	从第 4 个元素开始截取列表
List1[2：4]	['英语', '政治经济学']	截取列从第 3 个元素到第 4 个元素

假如有 students_info 列表存放多个学生的姓名、年龄、爱好信息。由于学生爱好有
多项,因此,可以用如下列表来存储学生信息。

```
students_info=[['egon',18,['play',]],['alex',18,['play','sleep']]]
```

如果要截取姓名为 egon 学生的第一个爱好,可以使用 students_info[0][2][0];如果要截取第二学生的所有爱好,可使用 students_info[1][2];如果要截取第二学生的第二个爱好,可使用 students_info[1][2][1]。见如下示例:

```
>>>students_info=[['egon',18,['play',]],['alex',18,['play','sleep']]]
>>>students_info[0][2][0]
'play'
>>>students_info[1][2][0]
'play'
>>>students_info[1][2]
['play', 'sleep']
>>>students_info[1][2][1]
'sleep'
>>>
```

3.3.4　列表函数与方法

Python 3 提供了如表 3.10 所示的列表函数和如表 3.11 所示的列表方法,用于对列表操作。

表 3.10　列表函数

序号	函 数 名	作 用
1	len(list)	列表元素个数
2	max(list)	返回列表元素最大值
3	min(list)	返回列表元素最小值
4	list(seq)	将元组转换为列表。元组内容见 3.4 节
5	enumerate(sequencd,[start=0])	函数用于将一个可遍历的数据对象(如列表、元组或字符串)组合为一个索引序列,同时列出数据和数据下标两部分,start 用于定义开始索引。该函数一般用在 for 循环当中

在上述函数中,enumerate 函数比较难理解,在此以示例来说明:

```
str1="hello!"
for v in enumerate(str1,start=1):
    print(v)
#以元组方式输出索引与数据,输出结果为
(1, 'h')
(2, 'e')
(3, 'l')
(4, 'l')
(5, 'o')
(6, '!')
```

```
str1="hello!"
for i,v in enumerate(str1,start=1):
    print(i,v)
#用 i 接收索引,用 v 接收数据,输出结果为
1 h
2 e
3 l
4 l
5 o
6 !
```

表 3.11　列表方法

序号	方　　法	作　　用
1	list.append(obj)	用于在列表末尾添加新的对象
2	list.count(obj)	统计某个元素在列表中出现的次数
3	list.extend(seq)	在列表末尾一次性追加另一个序列中的多个值(用新列表扩展原来的列表)
4	list.index(obj)	从列表中找出某个值第一个匹配项的索引位置
5	list.insert(index, obj)	将指定对象插入列表的指定位置
6	list.pop(【index＝-1】)	指定元素的索引值来移除列表中的某个元素(默认是最后一个元素),并且返回该元素的值,如果列表为空或者索引值超出范围会报一个异常
7	list.reverse()	反转列表中的元素
8	list.sort(【reverse＝False】)	对原列表进行排序。reverse 默认值是 False,可以给它赋值成 True,那就是反向排序

3.3.5　列表生成式

　　列表生成式(list comprehensions)是 Python 内置的非常简单、实用的用来创建列表的方法。假如要生成列表[0,1, 2, 3, 4, 5, 6, 7, 8, 9],可以用列表生成式来实现,方法如下:

```
>>>[x for x in range(0,10)]
[0, 1, 2, 3, 4, 5, 6, 7, 8, 9]
```

　　假如要生成列表[0,1, 4, 9, 16,25,36, 49,64,81],也可以用列表生成式来生成,方法如下:

```
>>>[x * x for x in range(0,10)]
[0, 1, 4, 9, 16, 25, 36, 49, 64, 81]
```

在 for 循环后面还可以加 if 判断语句来对列表进行筛选。下面的列表生成式可生成元素为偶数的列表：

```
>>>[x for x in range(0,10) if x%2==0]
[0, 2, 4, 6, 8]
```

可以使用双层循环生成组合列表，见如下示例：

```
>>>[m+n for m in "ABC" for n in "123" ]
['A1', 'A2', 'A3', 'B1', 'B2', 'B3', 'C1', 'C2', 'C3']
```

下面列表生成式能把列表中所有的字符串变成小写生成一个列表：

```
>>>L =['Hello', 'World', 'IBM', 'Apple']
>>>[s.lower() for s in L]
['hello', 'world', 'ibm', 'apple']
```

从上可知，运用列表生成式可以快速生成列表，也可以通过一个列表推导出另一个列表，而代码却十分简洁。

3.4　元　　　组

Python 中元组(tuple)数据类型与列表类似，不同之处在于元组中的元素是不能修改的。

3.4.1　元组的创建与基本操作

元组创建很简单，只需要在()圆括号中添加元素，并使用逗号分隔即可。如果元组只有一个元素，通常在元素后加逗号。下列是创建元组的方法：

```
tup1 =('physics', 'chemistry', 1997, 2000)
tup2 =(1, 2, 3, 4, 5 )
tup3 ="a", "b", "c", "d"
tup1 =();                    #创建空元组
tup1 =(50,)                  #规范写法
```

在 Python 中，访问元组中的值可使用方括号进行指定索引切片或索引，以获取该索引处的值。具体使用方法与列表相同，在此不再重复。

1. 元组基本操作

元组响应＋和＊运算符很像列表，它们执行连接和重复操作，结果是一个新的元组。元组的基本操作如表 3.12 所示。

表 3.12 元组基本操作

Python 表达式	结　果
len((1，2，3))	3
(1，2，3)+(4，5，6)	(1，2，3，4，5，6)
('Hi! ，) * 4	('Hi! '，'Hi! '，'Hi! '，'Hi! ')
3 in (1，2，3)	True
for x in (1,2,3)：print (x，end=' ')	1 2 3

2. 内置元组函数功能

元组的内置函数与列表相同，仅有 tuple(seq)函数是将列表转换为元组。

3.4.2 元组与列表的应用

1. 用列表与元组实现生成一副扑克牌程序(不包括大小王)

实现思路:

为了存储 52 张牌(不包括大小王)，可以先定义一个临时空列表，然后把 2～10 添加到该列表中，再用列表的 extend 方法把 J、Q、K、A 也添加到此列表中。利用循环获取扑克牌类型["黑桃"，"红桃"，"方块"，"草花"]中的元素，并和临时列表中的元素进行结合，把结合产生的结果添加到一个新的空列表 card 中。card 中的每一张牌用一个元组表示。例如：[('红心'，2)，('草花'，2)，…，('黑桃 A')]。程序代码如下:

```
#author chenzhen
#date 2019/1/7
temp_list = []
card = []
for i in range(2, 11):
    temp_list.append(i)
temp_list.extend(["J", "Q", "K", "A"])
for i in temp_list:
    for card_type in ["黑桃", "红桃", "方块", "草花"]:
        a = (card_type, i)
        card.append(a)
print(card)
```

2. 用列表与元组实现购物车

实现思路:首先要向客户展示一个商品列表，列表包括商品编号、商品名称与单价。客户从商品列表中选择商品放到购物车，客户在选择商品时，系统必须知道客户账户的资金额，是否有购买选择商品的足额资金。为了实现这项功能，客户在选择商品前系统需提示用户输入账户资金数量,然后再展示商品列表给客户选择,客户根据商品编号选择商品。在选择商品过程中,系统要比较商品价格与客户账户余额。如果余额不足就不能选择相应的商品,如果余额够就允许客户选择购买,且把客户选择的商品放入购物车。商品选择完成后,系统就向客户显示购物车中的商品,且向客户报告账户余额。

下面是模拟购物车的程序代码,读者可进一步优化。

```
#author chenzhen
#date 2019/1/7
product_list=[
    ('HUAWEI_Mate_2',4999),
    ('HUAWEI_nova_3',2799),
    ('HUAWEI_nova_3i',1899),
    ('HUAWEI_麦芒7',2199),
    ('华为畅享_MAX',1699),]
saving=input('请输入账户金额:')
shopping_car=[]              #购物车列表,用于存放用户从product_list列表中选择的商品
if saving.isdigit():        #input方法接收的是字符串,判断输入是数字
    saving=int(saving)
    print("********请选择商品序号********")
    while True:
        #打印商品列表
        for i,v in enumerate(product_list,1):
            print(i,'>>>>',v[0],v[1])
        print("*****************************")
        #商品列表引导用户选择商品
        choice=input('选择购买商品编号[退出请输入q]:')
        #验证输入是否合法
        if choice.isdigit():
            choice=int(choice)
            if choice>0 and choice<=len(product_list):
                #将用户选择商品通过choice取出来
                choice_item=product_list[choice-1]      #列表索引是从0开始的
                #如果账户金额够,用本金saving减去该商品价格,并将该商品加入购物车
                if choice_item[1]<saving:#choice_item[1]  #为选择商品的价格
                    saving-=choice_item[1]
                    shopping_car.append(choice_item);     #把选择商品加入购物车
                                                          #列表中
                else:
                    print('账户余额不足,还剩%d元'%saving);
                    print(choice_item)
            else:
                print('编码对应的商品不存在')
        elif choice=='q':
```

Python 字典常用内置方法如表 3.14 所示：

表 3.14　Python 字典常用内置方法

序号	函　　数	描　　述
1	dict.clear()	删除字典内所有元素
2	dict.copy()	返回一个字典的浅复制
3	dict.fromkeys(seq[, val])	创建一个新字典，以序列 seq 中元素作为字典的键，val 为字典所有键对应的初始值
4	dict.has_key(key)	如果键在字典 dict 里返回 True，否则返回 False
5	dict.items()	以列表返回可遍历的(键，值)元组数组
6	dict.keys()	以列表返回一个字典所有的键
7	dict.setdefault(key, default=None)	和 get()类似，但如果键不存在于字典中，将会添加键并将值设为 default
8	dict.update(dict2)	把字典 dict2 的键/值对更新到 dict 里
9	dict.values()	以列表返回字典中的所有值
10	pop(key[,default])	删除字典给定键 key 所对应的值，返回值为被删除的值。key 值必须给出。否则，返回 default 值
11	popitem()	随机返回并删除字典中的一个键/值对
12	dict.get(key, default=None)	返回指定键的值，如果值不在字典中返回 default 值

3.5.4　字典应用举例

简单编程模拟银行 ATM 机的功能，ATM 功能菜单如下。

```
**********************************
*      1: 取款                    *
*      2: 存款                    *
*      3: 转账                    *
*      4: 付款                    *
*      5: 消费                    *
*      0: 退出                    *
**********************************
         请选择操作:
```

实现 ATM 机的功能，需要构建一个两级字典。该字典名称为 atm_dic，这个字典中的每个元素的键值又是一个字典，如'取款'键值是一个字典，字典中的'action'键用于描述客户发生"取款"时，剩余资金是做加法(plus)还是做减法(minus)得到，'interest'键的值标记发生本次行为的利率。定义的字典如下：

```
atm_dic={
'取款':{'action':'minus','interest':0},
'存款':{'action':'plus','interest':0},
```

```
'转账':{'action':'minus','interest':0.005},
'付款':{'action':'minus','interest':0.005},
'消费':{'action':'minus','interest':00}
```

用字典实现该程序的优点是字典取值很简单,不用循环遍历,且可以直接成员运算 in 或 not in。程序代码如下:

```
#author chenzhen
#date 2019/1/7
print('''
*************************************
*     1: 取款                      *
*     2: 存款                      *
*     3: 转账                      *
*     4: 付款                      *
*     5: 消费                      *
*     0: 退出                      *
*************************************
''')
atm_dic={
    '取款':{'action':'minus','interest':0},
    '存款':{'action':'plus','interest':0},
    '转账':{'action':'minus','interest':0.005},
    '付款':{'action':'minus','interest':0.005},
    '消费':{'action':'minus','interest':00}
}
cmd_dic={
    '1':'取款',
    '2':'存款',
    '3':'转账',
    '4':'付款',
    '5':'消费'}
balance=10000
while True:
    cmd=input('请选择操作:')
    if eval(cmd)==0:
        break
    if cmd not in cmd_dic:
        continue
    action=atm_dic[cmd_dic[cmd]]['action']
    print('你好,你选择的操作是',cmd_dic[cmd],'\n')
    interest=atm_dic[cmd_dic[cmd]]['interest']
    #print(cmd_dic['1'],interest)
```

```
num=eval(input("请输入金额:"))
interest=num * interest
if action=='plus':
    balance=balance+interest+num
else:
    balance=balance-interest-num
print(balance)
```

3.6　集　　合

集合 set 是一个无序不重复元素集,集合中元素必须是不可变类型。与列表和元组不同,集合是无序的,无法按索引访问集合元素,也能不用切片获取元素。在 Python 中,集合分为可变集合(set)与不可变集合(frozenset)两种:可变集合是指集合中的元素可以动态增加或删除,不可变集合是指集合中的元素不可改变。不可变集合用得很少,在此仅介绍 set。

3.6.1　创建可变集合

可变集合可以使用花括号{ }或者 set()函数创建。例如:

```
s1=set('Hello China!')      #使用字符串创建可变集合 s1
s2={'11','22','33'}
print(s1,s2)
print(type(s1),type(s2))
#输出结果为
{'o', '!', 'a', 'h', ' ', 'e', 'n', 'C', 'l', 'i', 'H'} {'22', '33', '11'}
<class 'set'><class 'set'>
```

从示例可以看出,字母 l 在创建的集合 s1 中只有一个,原因是集合不允许元素重复,另外,从输出中也可以看出,集合中元素是无序的。

注意:创建一个空集合必须用 set(),不能用{ },因为{ }是用来创建一个空字典的。

下面是用列表、元组与字典创建集合的示例。

```
list1 =[1,2,"a"]            #列表类型
tuple1=(1,2,"b")           #元组类型
dict1 ={1:"a",2:"b"}       #字典类型
#用列表、元组、字典创建可变集合
S_list = set(list1 )
S_tuple = set(tuple1)
S_dict= set(dict1)
print(S_list, S_tuple, S_dict)  #输出为{1, 2, 'a'} {1, 2, 'b'} {1, 2}
```

注意：用字典创建集合时，集合中只有键，没有键值，另外在用元组与列表创建集合时，元组与列表中的元素必须是不可变的，否则会报错。见如下示例：

```
>>>list1=[[1,2,3],4,5]
>>>s1=set(list1)
Traceback (most recent call last):
  File "<stdin>", line 1, in <module>
TypeError: unhashable type: 'list'
```

上述报错原因是列表 list1 的第一个元素是可变类型，不允许作为集合元素。

3.6.2 访问集合的方法

访问集合是指向集合中添加元素、修改集合中的元素与删除集合中的元素，集合支持用 in 和 not in 操作符检查成员，用 len 函数得到集合的元素个数，用 for 循环迭代集合的成员。由于集合元素的无序性，无法按索引访问集合元素，也不能用切片获取元素，也没有键可用来获取集合中元素的值。

1. 添加操作

在 Python 中，可用 add 与 update 方法向集合中添加元素。见如下示例：

```
s1=set('python')
s1.add('why')
print(s1)
s2=set('python')
s2.update('why')
print(s2)
#输出结果为
{'o', 'y', 'n', 'why', 'p', 't', 'h'}
{'o', 'y', 'n', 'w', 'p', 't', 'h'}
```

从上列可以看到，add 是单个元素的添加，并没有把元素再分拆为单个字符。update 是批量元素的添加，添加的元素如果是一个字符串（实际上，在 Python 中字符串也是一个系列），则以系列方式添加。在输出结果中可以看到，两个函数添加的元素也是无序的，并且无重复，也不是添加到集合的尾部。

2. 删除操作

在 Python 中，可用 remove、discard 与 pop 函数删除集合中的元素，用 clear 方法移除集合中的所有元素。见如下示例：

```
s1=set('abcdefghijk')
s1.remove('a')
```

```
print(s1)
s1.remove('w')
#输出结果为
{'i', 'j', 'k', 'c', 'e', 'b', 'g', 'h', 'f', 'd'}
  File "D:/test/service1.py", line 4, in <module>
    s1.remove('w')
KeyError: 'w'
```

从上述程序的输出可以看到，删除集合中的元素时，如果删除的元素在集合中不存在，remove 方法会报错。如果元素不存在，则用 discard 方法时，系统不会报错。见如下示例：

```
s1=set('abcdefghijk')
s1.discard('a')
print(s1)
s1.discard('w')
#输出结果为
{'g', 'd', 'f', 'i', 'e', 'b', 'h', 'c', 'j', 'k'}
```

pop 方法也是删除集合中的一个元素，如果集合是字典或字符转换的集合，则随机删除一个元素，如果集合是由列表和元组转换的集合，则 pop 方法是从左边删除元素，主要原因是集合对列表和元组具有排序(升序)作用。见如下示例：

```
set1 =set([9,4,5,2,6,7,1,8])
print(set1)
print(set1.pop())
print(set1)
#输出结果为
{1, 2, 4, 5, 6, 7, 8, 9}
1
{2, 4, 5, 6, 7, 8, 9}
```

clear 方法用于移除集合中的所有元素。见如下示例：

```
set1 =set([9,4,5,2,6,7,1,8])
print(set1.clear())                #输出为 None
```

注意：因为 set 集合中的元素没有索引，无法定位，只能用先删除、后增加的方法进行元素的修改。

3.6.3　集合运算

Python 集合运算有运算交集、并集、差集、对称差集，以及判断是不是文集和子集的关系,这些运算可通过运算符与相应的函数来实现。

1. 取两个集合的交集

两个集合 A 和 B 的交集是含有所有既属于 A 又属于 B 的元素。取两个集合的交集可使用交集运算符"&"或 intersection 方法来实现。见如下示例:

```
s1=set(['a','b','c','d','e','f'])
s2=set(('d','e','f','g','h','i'))
print('交集:',s1.intersection(s2))
print('交集:',s1 & s2)
#输出结果为
交集:{'e', 'd', 'f'}
交集:{'e', 'd', 'f'}
```

2. 取两个集合的并集

两个集合的并集由两个集合所有元素构成,而不包含其他元素。取两个集合的并集可使用交集运算符"|"或 union 方法来实现。见如下示例:

```
s1=set(['a','b','c','d','e','f'])
s2=set(('d','e','f','g','h','i'))
print('并集:',s1.union(s2))
print('并集:',s1|s2)
#输出结果为
并集:{'g', 'c', 'i', 'e', 'd', 'b', 'f', 'a', 'h'}
并集:{'g', 'c', 'i', 'e', 'd', 'b', 'f', 'a', 'h'}
```

3. 取两个集合的差集

A 与 B 的差集是所有属于 A 且不属于 B 的元素构成的集合。取两个集合的差集可使用交集运算符"-"或 difference 方法来实现。见如下示例:

```
s1=set(['a','b','c','d','e','f'])
s2=set(('d','e','f','g','h','i'))
print('差集:',s1.difference(s2))
print('差集:',s1-s2)
#输出结果为
差集:{'c', 'a', 'b'}
差集:{'c', 'a', 'b'}
```

4. 取两个集合的对称差集

对称差集是把两个集合中相同的元素去掉,然后再把两个集合中剩下的元素组成一

个新的集合。取两个集合的对称差集可使用对称差集运算符"^"或 symmetric_difference
方法来实现。见如下示例：

```
s1=set(['a','b','c','d','e','f'])
s2=set(('d','e','f','g','h','i'))
print('对称差集：',s1.symmetric_difference(s2))
print('对称差集：',s1^s2)
#输出结果为
对称差集：{'h', 'b', 'a', 'i', 'g', 'c'}
对称差集：{'h', 'b', 'a', 'i', 'g', 'c'}
```

5. 判断是不是父集和子集的关系

判断一个集合是否是另一集合的父集，用运算符"＞＝"或 issuperset()方法来实现；
判断一个集合是否是另一集合的子集，用运算符"＜＝&."或 issubset 方法来实现。如果
是返回 True，如果不是返回 False。见如下示例：

```
s1=set(['a','b','c'])
s2=set(('a','b','c','d','h','i'))
print("issubset:",s1.issubset(s2))        #判断 s1 是不是 s2 的子集
print("issubset:",s1<=s2)
print("issuperset:",s2.issuperset(s1))     #判断 s2 是不是 s1 的父集
print("issuperset:",s2>=s1)
#输出结果为
issubset: True
issubset: True
issuperset: True
issuperset: True
```

集合中除了上述操作外还提供如下方法对集合进行操作。

a.difference_update(b)方法，作用是从 a 中减去 a 和 b 的交集，即从 a 集合中删除和
b 集合中相同的元素，等价于 a＝a-b 或 a-＝b。

a.intersection_update(b)方法，作用是修改 a 集合，仅保持 a 与 b 的交集，如果没有
交集，则 a 变为空集合，等价于 a＝a&b 或 a&＝…

a.symmetric_difference_update(b)方法，集合中增加在 b 集合中除去 a 和 b 交集剩
下的元素。等价于 a＝a^b 或 a^＝b。

以上是集合的一些比较常用操作，对于集合的一些其他操作，就不再一一举例说明了。

3.7　深　浅　拷　贝

拷贝就是对象的复制，Python 拷贝有深浅之分。在介绍深浅拷贝之前，先回顾关于
对象的赋值(＝赋值)问题。见下面程序代码：

```
list1 = [1, 2, 3, ['a', 'b']]
list2 = list1
print(id(list1)==id(list2))   #True
list2[0]='a1'
list2[3][0]='b1'
print(list1,list2)            #输出['a1', 2, 3, ['b1', 'b']] ['a1', 2, 3, ['b1', 'b']]
```

list2＝list1 是在内存定义 list2 变量,由于该变量与 list1 变量指向同一个列表对象,因此,id(list1)＝＝id(list2)的值为 True。如果指向的对象是可变类型,如列表,修改其中一个,另一个必定改变,即两个对象数据完全共享。如果指向的对象是不可变类型,如字符串、元组,修改了其中一个,另一个并不会变。在 Python 中,对象除了赋值,还可以进行拷贝。

3.7.1 深拷贝

深拷贝是指复制的对象所指向对象与原对象指向的对象不一样,两个对象的数据完全不共享,即两个对象的数据存放在彼此独立的一个内存空间,深拷贝属于完全拷贝,两者的数据不会互相影响,因为内存不共享。见如下示例:

```
from copy import *
list1 = [1, 2, 3, ['a', 'b']]
list2 = deepcopy(list1)
print(id(list1)==id(list2)) #False
list2[0]='a1'
list2[3][0]='b1'
print(list1,list2)            #输出[1, 2, 3, ['a', 'b']] ['a1', 2, 3, ['b1', 'b']]
```

注意：要使用深浅拷贝方法需导入 copy 模块。

在该示例中,list2＝deepcopy(list1)实现的是在内存定义 list2 变量,且完成复制 list1 的数据产生一个新的列表[1, 2, 3, ['a', 'b']],list2 指向该列表,因此 list1 与 list2 指向的是地址完全不同的对象,因此,id(list1)＝＝id(list2)的值为 False。修改其中一个,另一个不受任何影响,即两个对象的数据完全独立。

3.7.2 浅拷贝

在 Python 中,有一种拷贝能让拷贝后的对象与原对象有局部数据共享,这种拷贝称为浅拷贝。浅拷贝复制其数据独立于内存,但是只拷贝对象的第一层数据,其余层的数据会共享。浅拷贝也称为半共享拷贝。见如下示例:

```
from copy import *
list1 = [1, 2, 3, ['a', 'b']]
list2 = copy(list1)
```

```
print(id(list1)==id(list2))#False
list2[0]='a1'                    #修改第一层数据,互不影响
print(list1,list2)               #[1, 2, 3, ['a', 'b']] ['a1', 2, 3, ['a', 'b']]
list2[3][1]='b1'                 #修改第二层数据,共享,影响
print(list1,list2)               #输出为[1, 2, 3, ['a', 'b1']] ['a1', 2, 3, ['a', 'b1']]
```

在该示例中,list2＝copy(list1)实现的是在内存定义 list2 变量,且复制 list1 产生一个独立的列表[1, 2, 3, ['a', 'b']],list2 指向该列表,因此 list1 与 list2 指向的是地址完全不同的对象,因此,id(list1)＝＝id(list2)的值仍为 False。修改第一层数据中一个,另一个不受任何影响,即两个对象第一层数据完全独立。但如果修改 list2 中的第二层数据,list1 同样受影响,因为第二层数据是 list1 与 list2 共享的,因此修改 list2,list1 同样受影响。浅拷贝的内存原理如图 3.1 所示。

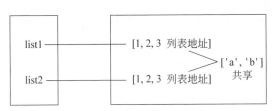

图 3.1　浅拷贝的共享区域

从图 3.1 中可以看出,list2 拷贝 list1 的时候只拷贝了它的第一层,也就是在内存中重新创建了 list1 的第一层数据,但是 list2 无法拷贝 list1 的第二层数据,也就是列表中的列表元素,所以 list2 只能指向 list1 中的第二层数据,与 list1 共享第二层数据。当修改 list2 中第二层数据的时候,list1 的第二层数据也随之发生改变。

3.7.3　浅拷贝应用示例

需求:银行有一种关联信用卡称为子母卡,子卡共享母卡中的信用额度。刘华与刘丽是父女关系,刘华想为女儿办一张自己信用卡的关联子卡。用浅拷贝实现子母卡的关联问题。

解决问题的思路与方法如下:

定义一个列表存储信用卡的用户名、卡号、信用卡额度与余额。格式为[姓名,卡号,[额度,余额]]。刘华的卡的信息为 father_liuhua＝["刘华",1111,[30000,30000]]。刘丽的卡通过浅拷贝生成,daughter_liuli＝father_liuhua.copy(),同时修改 daughter_liuli的姓名与卡号,daughter_liuli＝"刘丽", daughter_liuli[1]＝2222。这样,就实现了子母卡的关联问题。

看下面处理与消费过程,进一步理解浅拷贝的拷贝机制。

```
from copy import *
father_liuhua=["刘华",1111,[30000,30000]]
daughter_liuli =father_liuhua.copy()    #额度、余额与 father_liuhua 列表共享
```

```
daughter_liuli[0]="刘丽"          #修改子卡的姓名,母卡的姓名不会修改
daughter_liuli [1]="2222"         #修改子卡的卡号,母卡的卡号不会修改
father_liuhua [2][1]-=5000        #母卡消费5000元
print(father_liuhua)              #输出为['刘华', 1111, [30000, 25000]]
print(daughter_liuli)             #输出为['刘丽', '2222', [30000, 25000]]
```

3.8 综合应用案例

需求：用本章所学的知识开发一个实现城市、地铁线路、线路站点三级查询的系统。一级菜单显示编号与城市名称,二级菜单显示编号与地铁线路,三级菜单显示线路站点。三级菜单分别如图 3.2～3.4 所示。在一级菜单与二级菜单中直接输入菜单中的数字编号进入下一级菜单,输入 B 或 b 返回上一级菜单,输入 Q 或 q 退出查询系统。

```
========欢迎访问地铁查询系统========

1 深圳
2 北京
3 广州
4 上海
退出 q

请选择你要查询的城市编号:1
```
图 3.2　一级菜单

```
白石龙
明乐
少年宫
红山
返回上一级 b ,退出 q

请输入你需要的操作:
```
图 3.3　二级菜单

```
1 四号线
2 一号线
3 五号线
返回上一级b,退出 q

请选择你要查询的线路:1
```
图 3.4　三级菜单

实现思路及使用的代码如下。

（1）要实现三级查询,最好的方法就是字典来组织城市、地铁线路与线路站点数据,以北京、上海、广州、深圳为例设计字典如下：

```
china_ditie ={
"北京": {
  "一号线": ["四惠", "大望路", "天安门", "西单"],
  "二号线": ["北京站", "朝阳门", "东直门", "西直门"],
  "三号线": ["国贸", "三元桥", "知春路", "巴沟"]
  },
"上海": {
  "四号线": ["徐家汇", "人民广场", "延长路", "共康路", "呼兰路"],
  "五号线": ["东昌路", "静安寺", "江苏路", "虹桥火车站"],
  "六号线": ["宝山路", "赤峰路", "曹阳路", "虹桥路", "宜山路"]
  },
"广州": {
  "七号线": ["东山口", "农讲所", "烈士陵园", "公园前", "体育西路"],
  "八号线": ["黄边", "纪念堂", "三元里", "白云公园"],
  "九号线": ["沙河顶", "北京路", "一德路", "文化公园"]
  },
"深圳": {
  "一号线": ["高新园", "桃园", "白石洲", "华侨城"],
  "四号线": ["白石龙", "明乐", "少年宫", "红山"],
  "五号线": ["大学城", "兴东", "西里", "深圳北站"]
},
  }
```

（2）读取字典的 keys 是一个列表，所以使用 for 循环读取字典第一级的 keys，并打印出来，代码如下：

```
for city in china_ditie.keys():
    print(city)              #输出为北京、上海、广州、深圳
```

（3）在显示的菜单项前需要在前面加上编号，使用 enumerate 自动编号，并且把打印的城市名称加入列表中。代码如下：

```
city_list=[]
for v,city in enumerate(china_ditie.keys(),1):       #循环输出字典中的城市
    print(v,city)                                    #打印城市列表并编号
    city_list.append(city)                           #把城市名称加入一个列表里
print(city_list)
```

（4）让用户输入编号，如果不是数字则提示错误；输入数字不在里面也提示错误，让重新输入。代码如下：

```
if c_city.isdigit():                              #判断输入是否为数字,数字转换成 int 类型
        c_city =int(c_city)
        if c_city <=len(city_list) and c_city >0:  #判断输入编号是否存在
```

（5）如果数字存在就打印选择对应的 values 的 keys，因为要实现的是数字，所以把一级菜单存入了一个列表中，而且也知道了它的索引 v-1，打印即可。

代码如下：

```
for x,xian in enumerate(china_ditie[city_list[c_city-1]].keys(),1):
                                                    #循环城市下地铁线路名称
    print(x,xian)                                   #打印线路名称
    xian_list.append(xian)                          #将线路加入线路列表中
```

（6）注意输入退出和返回上一级菜单的对应级别，每层需要加入循环才可以实现返回上一级别，Python 是需要缩进的。

（7）每次返回记得将列表的数据全部清空。代码如下：

```
del city_list[:]       #删除城市列表内的所有数据
del xian_list[:]       #删除线路列表内的数据
```

案例参考代码如下：

```
import time
start =True
city_list =[]
xian_list =[]
print("\033[31;1m欢迎访问地铁查询系统\033[1m".center(40,"="))
while start:
    print("".center(36,"="))
    for v,city in enumerate(china_ditie.keys(),1):   #循环输出字典中的城市
        print(v,city)                                #打印城市列表并编号
        city_list.append(city)                       #把城市名加入一个列表里面
    print("退出 \033[31;1mq\033[1m)                   #提醒信息,退出输入 Q 或 q
    print("".center(36,"="))                          #分隔符
    c_city =input("请选择你要查询的城市编号:")         #输入城市编号
    print("".center(36, "="))                         #分隔线
    if c_city =="q" or c_city =="Q":                  #打印城市列表输入 Q 或 q 退出
        break
    if c_city.isdigit():                              #判断输入是否为数字,数字转
                                                      #换成 int 类型
        c_city =int(c_city)
        if c_city <=len(city_list) and c_city >0:     #判断输入编号是否存在
            while start:
                if city_list[c_city-1] in china_ditie.keys():
                                                      #判断输入城市是否在字典中
                    for x,xian in enumerate(china_ditie[city_list[c_city-1]].keys
(),1):
                                      #循环城市下地铁线路名称
```

```
            print(x,xian)                       #打印线路名称
            xian_list.append(xian)              #将线路加入线路列表中
        print("返回上一级 \033[31;1mb\033[1m,退出 \033[31;1mq\033[1m")
        print("".center(36, "="))               #分隔线
        c_xian =input("请选择你要查询的线路:")    #让用户输入查询的线路
        print("".center(36, "="))               #分隔线
        if c_xian =="b" or c_xian =="B":         #退出当前循环,返回上一级
            del city_list[:]                     #删除城市列表内的所有数据
            del xian_list[:]                     #删除线路列表内的数据
            break
        elif c_xian =="q" or c_xian =="Q":       #退出程序
            start =False
        elif c_xian.isdigit():                   #输入的数字变成的 int 类型
            c_xian =int(c_xian)
            if c_xian <=len(xian_list) and c_xian >0:
                                                 #判断输入的是不是在列表长
                                                 #度内
                while start:
                    for name in china_ditie[city_list[c_city-1]][xian_
list[c_xian-1]]:
                        #循环字典中地铁站的名称
                        print(name)              #打印字典中内容
                        print("返回上一级 \033[31;1mb\033[1m ,退出 \033[31;
1mq\033[1m")
                        print("".center(36, "=")) #分隔线
                        c_n =input("请输入你需要的操作:")
                        if c_n =="b" or c_n =="B":
                            del xian_list[:]
                            break
                        elif c_n =="q" or c_n =="Q":#退出程序
                            start =False
                        else:
                            print("\033[31;1m 输入错误请重新输入,退出请按\033
[31;1mq\033[1m!\033[1m")
                            time.sleep(1)
            else:
                del xian_list[:]
                print("\033[31;1m 没有此线路或者输入错误!\033[1m")
                time.sleep(1)
        else:
            del xian_list[:]
            print("\033[31;1m 输入错误,请输入数字!\033[1m")
            time.sleep(1)
```

```
        else:                                    #输入错误提示并刷新城市列表
            del city_list[:]
            print("\033[31;1m没有此城市或者输入错误!\033[1m")
            time.sleep(1)                        #等待时间
    else:                                        #输入错误提示并刷新城市列表
        del city_list[:]
        print("\033[31;1m没有此城市或者输入错误!\033[1m")
        time.sleep(1)
```

3.9 小　　结

Python 中的基本数据类型是学习与使用 Python 编程的基础,在此进行总结与梳理。

在 Python 3 中,可以使用数字、字符串、布尔、列表、元组、字典与集合等基本类型的数据。其中,数字、字符串与元组为不可变数据类型,列表与集合是可变数据类型。

字符串是用单引号或双引号定界的一串字符。字符串可以访问,也可以进行相加运算。

列表是一个使用方括号[ ]括起来的有序元素集合,列表可以作为以 0 下标开始的数组,任何一个非空列表的第一个元素总是 list[0],负数索引从列表的尾部开始向前记数来存取元素。任何一个非空的列表最后一个元素总是 list[-1]。列表有分片功能,两个列表可以相加,append 向列表的末尾追加单个元素,insert 将单个元素插入到列表中,extend 用来连接列表,使用一个列表参数进行调用。append 接收一个参数,这个参数可以是任何数据类型,并且简单地追加到列表的尾部,index 在列表中查找一个值的首次出现并返回索引值。要测试一个值是否在列表内,使用 in,如果值存在,它返回 True,否则返回 False。remove 从列表中删除一个值的首次出现;pop 可以删除列表的最后一个元素,然后返回删除元素的值,用索引删除指定位置的值。

元组是不可变的列表,创建了一个元组就不能以任何方式改变它。定义元组是将整个元素集用圆括号括起来,是有序集合,元组的索引与列表一样从 0 开始,所以一个非空的元组的第一个元素总是 tuple[0];负数索引与列表一样从元组的尾部开始计数。与列表一样分片(slice)也可以使用。分割一个元组时,会得到一个新的元组;元组没有 append、extend、remove 或 pop 方法以及 index 方法,可以使用 in 来查看一个元素是否存在于元组中。

字典定义了键和值之间的一一对应关系,每个元素都是一个 key/value 对;整个元素集合用花括号括起来,有序集合;可以通过 key 得到 value,但不能通过 vaule 获取 key;在一个字典中不能有重复的 key,并且 key 是大小写敏感的;键可以是数字、字符串或者是元组等不可变类型;用 del 使用 key 可以删除字典中的独立元素;用 clear 可以清除字典中的所有元素。

字典的特点表现在 3 方面:①查找速度快,而且查找的速度与元素的个数无关,而列表的查找速度是随着元素的增加而逐渐下降的；②存储的 key/value 对是没有顺序的；③作为 key 得到元素是不可变的，所以列表不能作为 key。字典的缺点是占用内存大。

集合是建立一系列无序的、不重复的元素，创建集合的方式是调用 set() 并传入一个列表，列表的元素将作为集合的元素，集合和字典的唯一区别仅在于没有存储对应的 value。

3.10　练　习　题

1. 选择题

(1) 已知 x=3，并且 id(x) 的返回值为 496103280，执行语句 x+=2 后，表达式 id(x) 的值确定_____。

  A. 是 496103280　　　　　　　　B. 不是 496103280

  C. 是 496103282　　　　　　　　D. 说法都错

(2) _____是无序序列。

  A. 列表　　　　　B. 字符串　　　　　C. 元组　　　　　D. 集合

(3) 在 Python 中，_____表示空类型。

  A. null　　　　　B. None　　　　　C. ""　　　　　D. 空格

(4) a={} 是创建一个空_____。

  A. 元组　　　　　B. 列表　　　　　C. 字典　　　　　D. 集合

(5) a="Hello"，a * 2 结果为_____。

  A. 10　　　　　B. "HelloHello"　　　　　C. "Hello2"　　　　　D. 语法错误

(6) _____是可变数据类型。

  A. 列表　　　　　B. 字符串　　　　　C. 元组　　　　　D. 数值

(7) 下面_____是不能创建集合的。

  A. set([1,2,[3,1]])　　　　　　　B. set((1,2,(3,1))

  C. set([1,2,3])　　　　　　　　D. set((1,2,3))

(8) 求 A 集合与 B 集合中所有属于 A 且不属于 B 的元素构成的集合的运算是_____。

  A. 交集　　　　　B. 并集　　　　　C. 差集　　　　　D. 对称差集

2. 填空题

(1) 查看变量类型的 Python 内置函数是_____，查看变量内存地址的 Python 内置函数是_____。

(2) 以 5 为实部、8 为虚部的 Python 复数的表达形式为_____。

(3) 表达式 [1, 2] * 2 的执行结果为_____。

(4) 表达式 3 in [1, 2, 3] 的值为_____，[3] in [1, 2, 3, 4] 的值为_____。

(5) aList 的值为 [3, 4, 5, 6, 7, 9, 17]，切片 aList[2 : 5] 得到的值是_____。

(6) 使用列表生成式生成包含 10 个数字 5 的列表,语句可以写为_____。

(7) 任意长度的 Python 列表、元组和字符串中最后一个元素的下标为_____。

(8) Python 语句 list(range(1,10,3))的执行结果为_____。

(9) 表达式 list(range(4))的值为_____。

(10) _____命令既可以删除列表中的一个元素,也可以删除整个列表。

(11) 已知 a=[2, 2, 3]和 b=[1, 2, 4],id(a[1])==id(b[1])的执行结果为_____,id(a[0])==id(a[1])的执行结果为_____。

(12) 切片操作 list(range(6))[∶∶2]的执行结果为_____。

(13) 表达式'ab' in 'acbed'的值为_____。

(14) print(1, 2, 3, sep='∶')的输出结果为_____。

(15) Python 内置函数_____可以返回列表、元组、字典、集合、字符串以及 range 对象中元素个数。

(16) 语句 x=(2,)执行后 x 的值为_____,语句 x=(2)执行后 x 的值为_____。

(17) 已知 x=3 和 y=5,执行语句"x,y=y,x"后 x 的值是_____。

(18) 字典中多个元素之间使用_____分隔,每个元素的键与值之间使用_____分隔。

(19) 已知 x={1∶2},执行语句 x[2]=3 之后,x 的值为_____。

(20) 表达式{1, 2, 3, 4} - {3, 4, 5, 6}的值为_____。

(21) 表达式 set([1, 1, 2, 3])的值为_____。

3. 编程题

(1) 编写程序,生成包含 20 个随机数的列表,然后将前 10 个元素升序排列,后 10 个元素降序排列,并输出结果。

(2) 编写一个实现省、市、县三级联动菜单程序。

第4章

文件与目录操作

导读

文件操作对编程语言来说非常重要。在计算机中,用 Python 或其他语言编写的应用程序在运行过程中要把数据永久保存起来,有时需要把数据以文件形式保存到硬盘中,程序也经常从硬盘读取文件,这就涉及应用程序要操作硬件。在计算机中,应用程序是无法直接操作硬件的,要操作硬件必须依靠操作系统。操作系统把复杂的硬件操作封装成简单的接口给用户或应用程序使用,其中文件就是操作系统提供给应用程序来操作硬盘,用户或应用程序通过操作文件,可以实现对文件的读写。有了文件的概念,用户无须再去考虑操作硬盘的底层细节,只需要关注操作文件的流程即可完成文件操作。目录是存放文件的场所,与文件操作关系密切。本章介绍文件与目录操作。

4.1　文　件　操　作

文件操作的流程分为 3 步:①打开文件,得到文件句柄(file handle)并赋值给一个变量;②通过句柄对文件进行操作,如读写等;③关闭文件。

4.1.1　文件的打开操作

在文件操作中,要从一个文件读取数据,应用程序首先要调用操作系统函数并传送文件名,选择一个到该文件的路径来打开文件,该函数返回一个顺序号,即文件句柄,该文件句柄对于打开的文件来说是唯一的识别依据。如果要从文件中读取一块数据,应用程序就需要调用读取文件的方法,并将文件句柄在内存中的地址和复制的字节数传送给操作系统。如果向文件写入数据,应用程序就需要调用写文件的方法,并将文件句柄在内存中的地址与复制的字节数传送给操作系统。当完成任务后,通过调用系统函数来关闭该文件。

要对文件进行读写,必须先打开文件。在 Python 中,打开文件使用 open()方法,该方法创建一个 file 对象(也称为文件句柄)。

open 方法的格式：

```
open(file_name[, mode[, buffering], [,encoding]])
```

功能：该函数是打开一个文件，返回一个指向文件指针(一个文件对象)的文件句柄。

说明：name 参数表示需要打开的文件名，是一个字符串表示的文件名称。文件名称可以是相对路径，也可以是绝对路径。mode 是打开模式，模式的表示如表 4.1 所示，模式可以是表 4.1 中的方式以及各方式之间的组合。

buffering 用来控制文件的缓冲，默认值为 0，表示没有缓冲，如果设置为 1 表示有缓冲。如果将 buffering 的值设为大于 1 的整数，该整数就是缓冲区大小的字节数。如果取负值，则缓冲区大小为系统默认。

encoding 指定返回数据的编码格式，一般为 UTF-8 或 GBK。

注意：如果有缓冲，向文件写入时，若缓冲区满了则自动写入文件中，否则需要使用 flush()或 close()方法才能把数据写入到文件。

表 4.1 模式的表示

字符	作 用
'r'	读模式。该模式为默认模式，文件必须存在，不存在则抛出异常。文件指针指向文件的开头
'w'	写模式。此模式不可读，文件不存在则创建，存在则清空内容
'a'	追加写模式。此模式不可读，文件不存在则创建，文件存在则在文件后追加内容
'b'	二进制模式。对于非文本文件(如图片文件、视频文件等)，只能使用 b 模式，b 表示以字节的方式操作。 注意：以 b 方式打开时，读取到的内容是字节类型，写入时也需要提供字节类型，不能指定编码
't'	文本模式
'+'	可以同时读写某个文件，如 r+读写，w+写读，a+写读

4.1.2 文件的读写操作

文件的读写操作包括字符流文件与字节流文件的读写操作。在此，先介绍字符流文件的读写方法。

1. 字符流文件的读写操作

Python 提供字符流文件的读方法如表 4.2 所示。

表 4.2 字符流文件的读方法

方 法	作 用
read([size])	从文件当前位置开始读取 size 个字符，若无参数 size，则表示读取至文件结束为止，该函数返回一个字符串对象。 注意：如果文件大于可用内存，不可使用该方法读取

续表

方　　法	作　　用
readline([size])	读取整行内容,包括"\n"字符,光标移动到下一行首。如果指定了一个非负数的参数,则返回指定大小的字符数,包括"\n"字符
readlines([size])	方法用于读取所有行(直到文件结束符 EOF)并返回一个列表,若给定 size>0,返回总和大约为 size 字节的行,实际读取的值可能比 size 大,因为需要填充缓冲区。如果碰到结束符 EOF 则返回空字符串

示例:已知在 D 盘的根目录下有一个文本文件 mytext.txt,文件的内容如下:

独坐敬亭山

众鸟高飞尽,

孤云独去闲。

相看两不厌,

只有敬亭山。

见下面命令及输出:

```
file_handle=open('d:\mytext.txt',"r")
print(file_handle.read())          #输出文档的全部内容
print(file_handle.read(8))         #输出文档的前 8 个字符,回车符也是字符
print(file_handle.readline())      #输出文本的当前行
print(file_handle.readlines())     #输出文本对应的列表
```

输出的列表:['独坐敬亭山\n', '\n', '众鸟高飞尽,\n', '孤云独去闲。\n', '相看两不厌,\n', '只有敬亭山。\n']。

下列程序能把 mytext 文件中的内容原样输出:

```
file_handle=open('d:\mytext.txt',"r")
for i in file_handle.readlines():
    print(i.strip())
#print 方法输出时会下起一行,直接打 print(i)会输一个空行,使用 strip 方法把空行删除
```

下列程序能把 mytext 文件中的第三行内容输出。

```
file_handle=open('d:\mytext.txt',"r",encoding="GBK")
count=0
for i in file_handle.readlines():
    count+=1
    if count==3:
        print(i.strip())
```

已知 myline.txt 的文件如下,阅读程序代码,理解该程序的输出。

```
这是第一行
这是第二行
这是第三行
这是第四行
这是第五行
```

程序代码:

```
file=open("myline.txt", "r",encoding="utf-8")
print ("文件名为", file.name)
line=file.readline()
print("读取第一行:%s" %(line.strip()))
line =file.readline(6)
print ("读取的字符串%s" %(line.strip()))      #加上换行符共 6 个字符
line =file.readline(4)
print ("读取的字符串%s" %(line. strip()))
#关闭文件
file.close()
```

程序的输出为

```
文件名为 D:/mytext.txt
读取第一行: 这是第一行
读取的字符串: 这是第二行
读取的字符串: 这是第三行
```

在 Python 中向文件写入的方法主要是 write 与 writelines 方法,方法的格式与作用如表 4.3 所示。

表 4.3　向文件写入的方法

方法	作　　用
write(［str］)	参数 str 是要写入文件的字符串,该函数的返回值是写入的字符长度
writelines(sequence)	参数是序列,如列表,它会迭代写入文件。Writelines 方法比 write 方法效率要高

注意:在文件关闭或缓冲区刷新前,字符串内容仅存储在缓冲区中,此时,在文件中看不到写入的内容。
示例如下:

```
file_handle=open('d:\mytext.txt',"a")       #以追加模式打开文件
context="\n 静夜思 \n 床前明月光,\n 疑是地上霜。\n 举头望明月,\n 低头思故乡。\n"
file_handle.write(context)                  #把字符串以追加的模式写入文件中
file_handle.close()                         #关闭文件
```

运行完程序后,再打开 mytext.txt 文件,就会看到追加的内容。

上述示例用 writelines(sequence)方法来实现的程序代码如下:

```
file_handle=open('d:\mytext.txt',"a")          #以追加模式打开文件
context_list=["\n","静夜思 \n","床前明月光,\n","疑是地上霜。\n","举头望明月,\
n","低头思故乡。\n"]
file_handle.writelines(context_list)           #把列表以追加的模式写入文件中
file_handle.close()                            #关闭文件
```

2. 字节流文件的读写操作

通过上面的介绍,使用基本读写模式(只读 r,覆写 w,追加 a,创写 x)可以方便地操作字符流文件。对于字节流文件(一切非字符型文件,包括媒体文件、可执行文件、压缩包等),需要使用字节读写模式进行相应的读写操作。与字符读写模式相对应,字节流读写模式有 4 种:rb、wb、ab、xb,分别对应字节流只读、字节流覆写、字节流追加、字节流创写。字节流读写模式与字符流读写模式的区别在于读入和写出的内容都是字节形式,而非字符串形式。在 Python 中,通过 read([size])可以从文件中读出指定字节数的内容,默认为读出全部,通过 write(content)可以向文件写入指定的字节。

示例:利用字节流文件读写方法实现图片文件的复制。

```
image_file1=open("d:/chenzhen.jpg", "rb")      #以字节只读模式打开图片文件
image_file2=open("d:/chenzhen1.jpg", "wb")     #以字节写模式打开图片文件
iBytes =image_file1.read()
image_byte_count =image_file2.write(iBytes)
print("写入的字节数量是%d" %(image_byte_count))
image_file2.close()
image_file1.close()
```

4.1.3　文件操作相关方法与 with 语句

1. 文件操作的相关方法

在 Python 中,除了提供前面介绍的方法外,还提供了如表 4.4 所示的方法来实现对文件的操作,它们的作用如表 4.4 所示。

表 4.4　文件操作的方法

方　　法	作　　用
close()	关闭文件
flush()	刷新文件内部缓冲,直接把内部缓冲区的数据写入文件,而不是被动地等待输出缓冲区写入

续表

方　　法	作　　用
fileno()	返回一个整型的文件描述符，主要用于如 os 模块的 read 方法等一些底层操作上
isatty()	如果文件连接到一个终端设备返回 True，否则返回 False
next()	返回文件下一行
tell()	返回文件当前位置
seek(offset[,whence])	设置文件当前位置。offset 为指定文件中读写指针的位置。whence 是可选的，默认为 0，表示绝对文件定位；如果为 1，表示相对于是当前位置进行搜索；如果为 2，表示相对于文件的末尾进行搜索
readable()	文件是否可读。如果函数值为 True，则可以读取相应文件；如果为 False，则不能读取文件
writable()	文件是否可写。如果函数值为 True，可以向相应文件写数据；如果为 False，就不能向文件写数据

为了理解上述函数的作用与使用方法，须认真阅读与理解下述代码：

```python
text_file = r"d:\\mytext.txt"
f = open(text_file, "r")
#以文件起始位置作为相对位置,偏移 8 个长度
f.seek(8, 0)
#输出当前指针偏移量
pos = f.tell()
print(pos)
#读取 8 字节长度的文本,范围为[8,16)
text_to_number = f.read(8)
print(text_to_number)
#输出当前指针偏移量,可以观测到 read()也会造成文件指针偏移
pos = f.tell()
print(pos)
#读取 8 字节长度的文本,范围为[24,32)
text_to_all = f.read(8)
print(text_to_all)
f.close()
```

2. with 语句

在 Python 的文件操作中，事先需要打开文件获取文件句柄，才能对文件进行读写操作，且最后要求关闭操作的文件。但作为一位编程人员在用 Python 编写文件操作程序时经常存在两种可能情况：一是忘记关闭文件句柄；二是存在文件读取数据发生异常，却没有进行任何处理。对于这种场景，Python 的 with 语句提供了一种非常方便的处理方

式来帮助编程人员解决这些问题。

with 语句的格式：

```
with open() as 变量：
    操作
```

下面是一个用 with 语句实现文件复制的示例：

```
with open("d:/chenzhen.jpg", "rb") as image_file1,open("d:/chenzhen1.jpg", "wb") as image_file2:
    iBytes = image_file1.read()
    image_byte_count = image_file2.write(iBytes)
    print("写入的字节数量是%d" %(image_byte_count))
```

从上面代码可以看出，该程序没有用 image_file2.close()与 image_file1.close()代码来关闭文件。原因是用了 with 语句会自动处理，即使读写出现异常，也会自动做清理工作，这就方便了编程人员的编程工作。

4.2 目 录 操 作

目录也称为文件夹。在计算机中，由于文件是保存在目录中的，因此，对文件操作过程中需要对目录进行操作。Python 自带的 os 模块中提供了大量操作目录的方法，使用起来非常方便。os 模块是 Python 标准库中一个用于访问操作系统功能的模块，os 模块提供了一种可移植的方法来使用操作系统的功能。使用 os 模块中提供的接口，可以实现跨平台访问，便于编写跨平台的应用。在使用 os 模块的时候，如果使用过程中出现了异常，os 模块就会抛出 OSError 异常，异常主要是无效的路径名或文件名，或者给出的路径名或文件名无法访问，或者当前使用的系统不支持等原因。

4.2.1 目录操作中路径的概念

磁盘上的文件存储在一个目录中，而磁盘上的目录是按树状结构来组织的。在磁盘上最大的目录是根目录，根目录是指逻辑驱动器的最上一级目录，它是相对子目录来说的。根目录在文件系统建立时就已经被创建，其目的就是存储子目录（也称为文件夹）或文件的目录项。在介绍目录操作前，首先明确绝对路径和相对路径的概念非常重要。

绝对路径是指从磁盘的根目录开始，找到相应目录或文件的路径。如 r"d:\Python\" 就是一个绝对路径。在 Python 中，当使用\时，最好在路径前加 r，或者使用/或\\。

相对路径是指从当前所在目录开始，找到相应目录或文件的路径。在相对路径中，"."表示当前目录，".."表示上级目录。比如："../Python/"就是一个相对路径，表示跟文件操作目录同级的目录操作目录。

4.2.2　目录操作方法

Python 自带的 os 库就能够完成大部分目录操作。Python 要进行目录操作需要导入 os 模块，导入的方法是 import os。在此，介绍目录操作的常用方法。

1. 获取当前目录位置

获取当前目录位置的方法是 getcwd()。该方法返回描述当前目录绝对路径的字符串。

见如下示例：

```
import os
current_direct=os.getcwd()
print(current_direct,type(current_direct))
#输出结果为
D:\test <class 'str'>
```

从输出可以看出，当前目录是 D 盘下的一级子目录 test，也可以看出 getcwd() 方法返回的是一个字符类型数据。

2. 创建子目录

创建子目录的方法是 mkdir(path)。括号中的参数描述的是创建子目录的路径，路径可以是相对路径，也可以绝对路径。如果目录已经存在，就会报发生异常。

注意：mkdir(path) 只能建立一层目录，要想递归建立可用 makedirs(path) 方法。

看下面示例：

```
import os
os.mkdir(r'd:\ddddd')
os.mkdir(r'd:\ddddd')
Traceback (most recent call last):
  File "D:/test/service1.py", line 2, in <module>
    os.mkdir(r'd:\ddddd')
FileExistsError: [WinError 183] 当文件已存在时,无法创建该文件.: 'd:\\ddddd'
```

从上面示例可以看出，第一次创建子目录 ddddd 时正常，如果再次创建时就产生异常。原因是第二次创建时 ddddd 目录已经存在了。

3. 目录重命名

目录重命名的方法是 rename(原目录路径，新目录路径)。括号中就是创建目录所在的路径。如果目录已经存在，就会产生异常。下面示例是将 finthon 目录名改名为 python。

```
>>>import os
>>>os.rename(r'F:\finthon', r'F:\python')
```

4. 获取目录下的所有文件

通过 listdir(path)方法能够得到一个目录下所有内容(文件和文件夹)名字的列表。获得该列表后就可以使用列表常用的操作来处理该列表。

下面示例能把 D 盘根目录下所有的文件与目录项放在列表 list1 中。

```
import os
list1=os.listdir(r'd:\\')
print(list1)
```

5. 删除目录

删除目录的方法是 rmdir(path)。需要注意的是 rmdir(path)方法只能删除空目录,如果文件夹中包含内容,则会产生异常。因此,使用该方法删除文件夹前需先将文件夹中的文件删除才能删除文件夹。如果是递归删除目录可使用 removedirs(path)方法。

6. 删除文件

删除指定路径下的文件的方法是 remove(path),如果指定的路径是一个目录,将抛出 OSError 异常。

7. 遍历文件夹

遍历文件夹使用 walk()方法,方法的格式如下:

```
walk(top, topdown=True, onerror=None, followlinks=False)
```

其中,top 是要遍历目录的路径,topdown 为 True,则优先遍历 top 目录,否则优先遍历 top 的子目录(默认为 True),onerror 需要一个 callable 对象,当 walk 产生异常时,会被调用。followlinks 为 True,则会遍历目录下的目录(默认为 False)。

walk()方法返回值是一个生成器(generator)。每次遍历的对象返回的都是一个三元组(root,dirs,files),其中,root 所指的是当前正在遍历的这个文件夹的本身的地址;dirs 是一个列表,内容是该文件夹中所有目录的名字(不包括子目录);files 同样是列表,内容是该文件夹中所有的文件(不包括子目录)。

如果 topdown 参数为 True,walk 方法会遍历 top 文件夹,与 top 文件夹中每一个子目录。

示例:有如图 4.1 所示的目录 a。

用 for (root, dirs, files) in os.walk('a'):的遍历过程如下:

第一次运行时,遍历目录为 a,此时

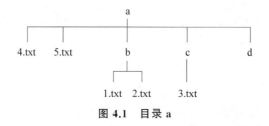

图 4.1　目录 a

```
root='a'
dirs=[ 'b', 'c', 'd']
files=[ '4.txt', '5.txt']
```

接着遍历 dirs 中的每一个目录,首先遍历 b,此时

```
root='a\\b'
dirs=[]
files=[ '1.txt', '2.txt']
```

由于 dirs 为空,返回,遍历 c,此时

```
root='a\\c'
dirs=[]
files=[ '3.txt' ]
```

再遍历 d,此时

```
root='a\\b'
dirs=[]
files=[]
```

遍历完毕,退出循环。

见如下示例:

```
import os
import os.path
rootdir ="d:/"                          #指明被遍历的文件夹
for parent,dirnames,filenames in os.walk(rootdir):
#3个参数:分别返回①父目录,②所有文件夹名字(不含路径),③所有文件名字
    for dirname in  dirnames:        #输出文件夹信息
        print( "parent is:" +parent)
        print("dirname is" +dirname)
    for filename in filenames:        #输出文件信息
        print( "parent is:" +parent)
```

```
        print( "filename is:" +filename)
        print("the full name of the file is:" +os.path.join(parent,filename))
```

4.2.3　os.path 模块

os.path 模块主要用于文件的属性获取,在编程中也经常用到,在此,介绍该模块中几种常用方法。

1. os.path.abspath(path)

作用:返回 path 规范化的绝对路径。
示例:

```
>>>import os
>>>os.path.abspath('test.csv')
'C:\\Users\\chenzhen\\test.csv'
```

2. os.path.split(path)

作用:将 path 分割成目录和文件名二元组返回。
示例:

```
>>>os.path.split('C:\\Users\\chenzhen\\test.csv')
('C:\\Users\\chenzhen', 'test.csv')
>>>
```

3. os.path.dirname(path)

作用:返回 path 的目录。其实就是 os.path.split(path)的第一个元素。
示例:

```
>>>os.path.dirname('C:\\Users\\chenzhen\\test.csv')
'C:\\Users\\chenzhen'
```

4. os.path.basename(path)

作用:返回 path 最后的文件名。如果 path 以/或\结尾,就会返回空值。即 os.path.split(path)的第二个元素。

```
>>>os.path.basename('C:\\Users\\chenzhen\\test.csv')
'test.csv'
```

5. os.path.commonprefix（list）

作用：返回列表中所有 path 共有的最长的路径。

示例：

```
>>>os.path.commonprefix(['/home/td','/home/td/aa','/home/td/bb'])
'/home/td'
```

6. os.path.exists（path）

作用：如果 path 存在，返回 True；如果 path 不存在，返回 False。

示例：

```
>>>os.path.exists('C:\\')
True
>>>os.path.exists('C:\\Users\\chenzhen\\test.csv')
False
```

7. os.path.isabs（path）

作用：如果 path 是绝对路径，返回 True。

8. os.path.isfile（path）

作用：如果 path 是一个存在的文件，返回 True；否则返回 False。

9. os.path.isdir（path）

作用：如果 path 是一个存在的目录，则返回 True；否则返回 False。

10. os.path.join（path1［，path2［，…］］）

作用：将多个路径组合后返回，第一个绝对路径之前的参数将被忽略。

示例：

```
>>>os.path.join('C:\\', 'users', 'chenzhen','test.csv')
'C:\\users\\chenzhen\\test.csv'
```

11. os.path.splitdrive（path）

作用：返回（drivername，fpath）元组。

```
>>>os.path.splitdrive('C:\\Users\\chenzhen\\test.csv')
('C:', '\\Users\\chenzhen\\test.csv')
```

12. os.path.splitext（path）

作用：分离文件名与扩展名；默认返回（fname，fextension）元组，可做分片操作。
示例：

```
>>>os.path.splitext('C:\\Users\\chenzhen\\test.csv')
('C:\\Users\\chenzhen\\test', '.csv')
```

13. os.path.getsize（path）

作用：返回 path 的文件的大小（字节）。

14. os.path.getatime（path）

作用：返回 path 所指向的文件或者目录的最后存取时间。

15. os.path.getmtime（path）

作用：返回 path 所指向的文件或者目录的最后修改时间。

本节详细地介绍了一些常用的目录操作，熟练掌握这些方法真的可以事半功倍，配合文件操作就能真正实现文件的操作。

4.2.4　遍历文件夹综合案例

需求：吴某是个软件工程师，想用 Python 开发一个遍历文件夹的程序。运行该程序时，要求用户输入一个文件夹的路径，如果路径不存在就要求重新输入路径；如果路径存在，系统输出该路径下所有文件与目录，包括子目录及子目录中的文件。文件代码如下：

```
import os
import os.path
while True:
    rootdir=input('请输入遍历文件夹的绝对路径:(q退出)')
    if rootdir=='q':
        break
    if not(os.path.exists(rootdir)):
        print("输入的路径不存在,请重新输入!!")
        continue
    for parent,dirnames,filenames in os.walk(rootdir):
        #3个参数:分别返回①父目录,②所有文件夹名字(不含路径),③所有文件名字
        for dirname in  dirnames:                    #输出文件夹信息
            print( "parent is:" +parent)
            print("dirname is" +dirname)

        for filename in filenames:                   #输出文件信息
```

```
print( "parent is:" +parent)
print( "filename is:" +filename)
print("the full name of the file is:" +os.path.join(parent,filename))
#输出文件路径信息
```

4.3 小   结

在计算机中,有了文件的概念,用户无须再去考虑操作硬盘的细节,只需要关注操作文件的流程即可完成文件操作。目录是存放文件的场所,与文件操作关系密切。

Python 的 os 模块封装了操作系统的目录和文件操作,通过 Python 内置的 os 模块可以直接调用操作系统提供的接口函数。要注意这些函数有的在 os 模块中,有的在 os. path 模块中。

在 Python 中,操作文件的流程分为 3 步:①打开文件,得到文件句柄并赋值给一个变量;②通过句柄对文件进行操作,如读写等;③关闭文件。

4.4 练 习 题

1. 填空题

(1) 使用内置函数 open()且以 w 模式打开的文件,文件指针默认指向_____。

(2) 在 Python 标准库 os 模块中,用来列出指定文件夹中的文件和子文件夹列表的方式是_____。

(3) 在 Python 标准库 os 模块中,用来判断指定文件是否存在的方法是_____。

(4) 在 Python 标准库 os 模块中,用来判断指定路径是否为文件的方法是_____。

(5) 在 Python 标准库 os 模块中,用来判断指定路径是否为文件夹的方法是_____。

(6) 在 Python 标准库 os 模块中,用来分隔指定路径中的文件扩展名的方法是_____。

2. 编程题

(1) 编写程序,在 D 盘根目录下创建一个文本文件 test.txt,并向其中写入字符串 "hello world"。

(2) 编写一个程序能实现文本文件的复制。

第5章

函　　数

导读

函数是用来实现单一或相关联功能的程序代码段,也可以说函数是指将一组语句通过一个函数名封装起来,如果要运行这个函数仅需调用函数名即可。在计算机中,函数也被称为子程序(subroutine)或过程(procedure)。函数能提高应用的模块性和代码的复用率,方便程序的修改与功能的扩展。Python 提供了许多内置函数,供编程人员使用,当然编程人员也可以自己编写函数,然后进行调用,这种函数被称为自定义函数。函数是 Python 编程非常重要的内容,本章介绍函数相关的内容。

5.1 函数的创建

5.1.1 函数的定义

1. 定义函数的规则

定义函数的规则如下。

(1) 函数代码块以 def 关键词开头,后跟函数名和圆括号()。

(2) 需要传入的参数放在函数名后的圆括号中。

(3) 函数的第一行语句可以选择性地使用文档字符串对函数进行说明。

(4) 函数内容以冒号起始,冒号跟在函数的()之后,函数的语句体要按要求进行缩进。

(5) return 语句用于结束函数返回函数值给调用者。不带返回值的 return 相当于返回 None。

在程序开发过程中,编程人员创建函数时通常希望函数执行结束后返回给调用者一个结果,以便调用者针对具体的结果做出后续的处理。返回值就是函数执行完后给调用者的一个结果。

2. 函数定义的格式

函数定义的格式如下:

```
def functionname( parameters ):
    "函数_文档字符串"              #函数说明文本串
    function_statement(s)        #函数语句体
    return [expression]          #函数的返回语句
```

函数的命名应该符合标识符的命名规则,可由字母、下画线和数字组成,不能以数字开头,不能与关键字同名。在函数名中不能使用任何标点符号,函数名严格区分大小写。在默认情况下,参数名称是按函数声明中定义的顺序匹配。

例如,下述函数能生成日志记录:

```
def logger():
    '生成日志记录函数'
    time_format='%y-%m-%d %x'
    time_current=time.strftime(time_format)
    with open('日志记录','a')as f:
        f.write('%s end action\n'%time_current)
#上述为函数的定义部分
logger()           #此处是调用定义的函数
```

又如,下述函数能输出个人相关的信息:

```
def info_output(name,age,sex):
    '输出个人信息函数'
    print('name:%s'%name)
    print('age:%d'%age)
    print('sex:%s'%sex)
#上述为函数的定义部分
info_output("lili",20,"male")          #此处是调用定义的函数
```

5.1.2 函数调用

定义一个函数就是定义函数的名称,指定函数需要的参数和编写函数的业务逻辑代码块。函数定义好后,就可以调用函数。

注意:在通常情况下,函数的定义必须在函数的调用之前。如果是在函数中调用另一个函数,被调用的函数可以定义在调用函数之后。

函数的调用方法:

```
函数名([实参1][,实参2][,实参3][,…])
```

调用上述两个函数的方法分别是 logger()与 info_output("lili",20,"male")。看上面函数定义框中的代码。

示例:定义一个函数,调用该函数能获取正整数列表中最大数与次大数值。

编写思路如下。

（1）首先，函数要获取一个 data_list 列表，即 data_list 是函数的参数。

（2）把 data_list[0]这个值作为最大值（max_num）的参照，把 0 作为 second_num 的参照。

（3）用列表后续的值和最大值（max_num）做比较，如果比最大值（max_num）大，则把该值赋值给 max_num，同时把原来的 max_num 赋值给 second_num。如果后继值比最大值（max_num）小，则与 second_num 比较，把该值赋给 second_num。

（4）然后继续做比较，如果找到比 max_num 大的值，重复（3）。

（5）定义一个字典存放最大值和次大值。

程序代码如下：

```python
def find_max_and_second_large_num(data_list):
    max_num=list[0]                    #存放最大值
    second_num = 0                     #存放次大值
    for i in range(1,len(list)): #从第二个元素开始对比,所以 i 从 1 开始
        if data_list[i] >max_num:
            second_num=max_num
            max_num=list[i]
        elif list[i] >second_num:
            second_num =data_list[i]
    return {"max":max_num, "second": second_num}
#上述为函数部分
list =[100,50,60,70,30,45]          #创建一个列表
#下面为函数调用部分
max_and_second_large_num =find_max_and_second_large_num(list)
print(max_and_second_large_num)
#输出结果为
  {'max': 100, 'second': 70}
```

在上述示例中，find_max_and_second_large_num(list)就是调用函数，其中，list 是实参，调用时传给函数的形参 data_list，函数的返回值为一个字典。

5.1.3　函数返回语句

在定义函数时，如果想获取函数的返回结果，可以用 return 语句把结果返回。函数在执行过程中只要遇到 return 语句，就会停止函数的运行并返回结果。如果在函数中没有指定 return，此时函数的返回值为 None。return 可返回多个对象，解释器会把这多个对象组装成一个元组返回。

5.2 函 数 参 数

函数是把具有独立功能的代码块组织成为一个小模块,在函数中定义参数是为了提高函数的通用性。在定义函数时,括号中的参数被称为形式参数,简称形参。定义函数时使用形参是为了在调用函数时接收实参,形参在函数内部作为变量使用。在调用函数时,括号中的参数被称为实际参数,简称实参。实参是用来把数据传递给函数的。调用函数时,实参可以是常量、变量、表达式以及函数。形参与实参的区别:形参是虚拟的,不占内存空间,只有在被调用时才分配存储空间;而实参是一个变量,占用内存空间。

注意:形参与实参之间传输数据是单向的,只能实参传给形参。

5.2.1 参数分类

在 Python 中,函数参数分为必备参数、关键字参数、默认参数与可变参数。

1. 必备参数

必备参数须以正确的顺序传输给函数,调用时的数量必须和声明一致。必备参数也被称为位置参数。

如调用 5.1.1 节中的 info_output 函数时,调用函数必须传入 name、age、sex 3 个参数,且也必须按照这个顺序,否则会报错,见下面程序中函数调用问题。

```
def info_output(name,age,sex):
    '输出个人信息函数'
    print('name:%s'%name)
    print('age:%d'%age)
    print('sex:%s'%sex)
    return
#上述为函数部分
info_output("lili",20,"male")         #正确调用方法
info_output("lili",20)                #错误调用方法,数量不一致
info_output(20,"lili","male")         #错误调用方法,顺序错误
```

2. 关键字参数

在 Python 中,为了提高函数调用的灵活性,引入了关键字参数。关键字参数是指在调用函数时,在圆括号内以形参为关键字、实参为关键字值的方式来传值,这样就不要求实参与形参之间的顺序完全一一对应。见如下示例:

```
def info_output(name,age,sex):
    '输出个人信息函数'
```

```
    print('name:%s'%name)
    print('age:%d'%age)
    print('sex:%s'%sex)
    return 0
#上述为函数部分
info_output(name="lili",sex="male",age=20)          #正确调用方法
info_output("lili",sex="male",age=20)               #正确调用方法
```

3. 默认参数

默认参数是指在定义函数时为参数指定默认值,如果调用函数时默认参数不变,可以不为该参数传值,即使用默认值,参数需要改变才传值。见下面示例:

```
def info_output(name,age,sex="male",city="beijing"):
    '输出个人信息函数'
    print('name:%s'%name)
    print('age:%d'%age)
    print('sex:%s'%sex)
    print('city:%s'%city)
    return
#上述为函数部分
info_output(name="lili",age=20)                     #正确调用方法
info_output("liming",age=22)                        #正确调用方法
info_output(name="liuhua",sex="female",age=18)      #正确调用方法
info_output("liuhua",18,city="changsha")            #正确调用方法
info_output(name="liuhua",18,city="changsha")       #参数报错
```

由上可见,默认参数降低了函数调用的难度,而且一旦需要更复杂的调用时,又可以传递更多的参数来实现。无论是简单调用还是复杂调用,函数只需要定义一个。

调用有多个默认参数的函数时,既可以按顺序提供默认参数,比如调用 info_output("liuhua",18,"female","changsha"),也可以调用 info_output("liuhua",18,city="changsha"),意思是除了 name、age,最后一个参数应用在参数 city 上,sex 参数由于调用时没有提供,仍然使用默认值。在调用有默认值的函数时,也可以不按顺序提供部分默认参数。当不按顺序提供部分默认参数时,应指定参数。从上面的例子可以看出,默认参数可以简化函数的调用。

设置默认参数时,需要注意如下情况。

(1) 如果必备参数和默认参数都存在,则必须将必备参数放在默认参数之前。

(2) 如果有关键字参数和必备参数,在函数定义时,则需要把必备参数放在前面,调用时,必备参数也必须放在前面。

默认参数很有用,但如果使用不当,也会出现一些意想不到的问题,见如下示例:

```
def add_end(l=[ ]):
    l.append('END')
    return l
#上述为函数部分
#下面为函数调用
list1=add_end([1, 2, 3])
print(list1)            #输出为[1, 2, 3, 'END']
list1=add_end(['x', 'y', 'z'])
print(list1)            #输出为['x', 'y', 'z', 'END']
list2=add_end()
print(list2)            #输出为['END']
list2=add_end()
print(list2)            #输出为['END', 'END']
list2=add_end()
print(list2)            #输出为['END', 'END', 'END']
```

当使用默认参数调用时,第一次调用结果是对的,但是,再次调用 add_end()时,结果就不对了,出现了['END', 'END']。很多初学者很疑惑,默认参数是[ ],但是函数似乎每次都记住了上一次添加了'END'后的列表。主要原因:Python 函数在定义的时候,默认参数 L 的值就被计算出来了,即[ ],因为默认参数 L 也是一个变量(引用),它指向对象[ ]调用该函数,如果改变了 L 的内容,则下次调用时,默认参数的内容就变了,不再是函数定义时的[ ]了。所以,定义默认参数要牢记一点,默认参数必须指向不变对象。

如果不让程序出现这种问题,可修改上面的函数,用 None 这个不变对象来实现,这样修改后,无论调用多少次,都不会出现前面的问题。见如下函数:

```
def add_end(l=None):
    if l is None:
        l=[ ]
        l.append('END')
    return l
```

为什么要设计 None 这样的不变对象呢? 因为不变对象一旦创建,对象内部的数据就不能修改,这样就减少了由于修改数据导致的错误。初学者在编写程序的时候,如果可以设计一个不变对象,那就尽量设计成不变对象。

4. 可变参数

在 Python 的函数中,还可以定义可变参数。顾名思义,可变参数就是传给函数的参数的个数是可变的,可以是 1 个、2 个到任意个,还可以是 0 个。在此,以求数值之和为例说明可变参数的使用方法。

需求:给定一组数字 a,b,c…,请计算 a+b+c+…

通过前面的介绍可知,要定义一个实现上述功能的函数,必须要确定函数输入参数

的个数。由于本需求的参数个数不确定,首先会想到把 a,b,c…作为一个列表或元组传给函数,这样,函数可以定义如下:

```
def calc(numbers):
    '求数值元组之和'
    sum=0
    for n in numbers:
        sum=sum +n
    return sum
#上述为函数部分
#下面为函数调用
sum1=calc((1,2,3,4,6,7,8))    #向 numbers 传替一个元组
print(sum1)
sum2=calc([1,2,3,4])          #向 numbers 传替一个列表
print(sum2)
```

这种调用函数的方法过于苛刻,在 Python 中,利用可变参数定义函数能解决上述问题,且能使用传统方法调用定义的函数。利用可变参数定义函数如下:

```
def calc( * args):
    '求数值元组之和'
    print(args)               #输出的是元组
    sum=0
    for n in args:
        sum=sum +n
    return sum
#上述为函数部分
#下面为函数调用
sum1=calc(1,2,3,4,6,7,8)    #把 1,2,3,4,6,7,8 变为元组传替给参数 args
print(sum1)                 #输出为 31
sum2=calc(1,2,3,4)          #向 args 传替一个(1,2,3,4)元组
print(sum2)                 #输出为 10
```

在该函数中的 * args 是个参数,表示参数的个数是可变的。当调用这个函数时,会创建一个 args 元组,传替过来的数据元素作为元组的元素。

注意:如果传替的实参本身是列表或元组时必须在参数前加 * 号。

如:sum1＝calc(* (1,2,3,4,6,7,8))   ♯向 args 直接传替一个元组

如:sum1＝calc(* [1,2,3,4,6,7,8])   ♯向 args 直接传替一个列表

如:sum1＝calc(* (1,2,3), * (4,6,7,8))   ♯两个元组合并后传给 args

如:sum1＝calc(* [1,2,3], * (4,6,7,8))   ♯将一个列表与一个元组合并成

♯元组后传给 args

* args 用来传替无名参数。可变参数也可实现有名参数的传替,只是此时定义函数

时用**来修饰可变参数。见如下示例：

```
def print_info( * * kwargs):
    print(kwargs)
#上述为函数部分
#下面为函数调用
print_info(name="lili",sex="female",age=20,city="beijing")
#函数的输出结果为
{'age': 20, 'name': 'lili', 'city': 'beijing', 'sex': 'female'}
```

从输出可以看出，该函数是用一个字典来存储调用函数时的多个参数，由于传入的参数是键/值(key/value)对的格式，该格式与字典相对应，因此，用字典来存储是最好的解决方案。

在 Python 中，字典使用频率是非常高的，调用上述 print_info 函数，实参能不能是字典呢？见下面示例：

```
def print_info(**kwargs):
    print(kwargs)
#上述为函数部分
#下面为函数调用
print_info( * * {"name":"lili","age":20,"city":"changsha"})
#输出结果为
{'age': 20, 'name': 'lili', 'city': 'changsha'}
```

如果传替两个字典，该函数的输出是什么呢？
如果调用方式为

```
print_info( * * {"name":"lili","age":20,"city":"changsha"}, * * {"sex":"
female"})
```

此时输出就为

```
{'age': 20, 'name': 'lili', 'city': 'changsha', 'sex': 'female'}
```

从输出可以看出，传替两个字典时就把两个字典合并为一个字典了。
如果传替的参数既有无名参数也有有名参数，Python 中如何处理呢？
见如下例子：

```
def print_info( * args,**kwargs):
"既有无名参数也有有名参数"
    print(args)
    print(kwargs)
#上述为函数部分
#下面为函数调用
```

```
print_info("lili","female",age=20,city="beijing")
#函数的输出结果为
('lili', 'female')
{'city': 'beijing', 'age': 20}
```

从输出可以看出,前面两个参数是无名参数,用一个元组来存储传替的参数,后面两个参数是有名参数,用一个字典来保存传替过来的参数。这样就可以解决无名参数与有名参数的传替。那如何把字典中的键打印出来呢? 见下面示例:

```
def print_info(**kwargs):
    for i in kwargs:
        print(i)                              #i 为键
        print('%s:%s\n'%(i,kwargs[i]))        #kwargs[i]为值
#上述为函数部分
#下面为函数调用
print_info(name="lili",sex="female",age=20,city="beijing")
```

在参数定义与传替时,要注意如下 5 个问题。

(1) 如果定义一个既可接收可变无名参数与可变有名参数的函数时,＊args 放在＊＊kwargs 之前。

(2) 在 Python 中定义函数,可以用必备参数、关键字参数、默认参数和可变参数,这 4 种参数都可以一起使用,或者只用其中一些,但参数定义的顺序必须是必备参数、默认参数、可变参数和关键字参数。

(3) Python 的函数具有非常灵活的参数形态,既可以实现简单的调用,又可以传入非常复杂的参数。

(4) 默认参数一定要用不可变对象,如果是用可变对象,运行会有逻辑错误。

(5) 使用＊args 和＊＊kw 作为参数名是 Python 的习惯用法,可以用其他参数名,但最好采用习惯用法。

5.2.2　参数传替

在 Python 中要认识函数参数的传替,必须清楚变量与对象的关系。Python 中一切皆为对象,数字是对象,列表是对象,函数也是对象。而变量则是对象的一个引用(又称为名字或者标签),对象的操作都是通过引用来实现的。

例如:a＝[],[]是一个空列表对象,变量 a 是该对象的一个引用,赋值操作就是把 a 绑定到一个空列表对象上。在 Python 中,变量更准确的叫法是名字,该名称就像给对象添加一个标签。见如下示例:

```
a=[ ]     #把标签 a 绑定到一个空列表对象上
b=2       #把标签 b 绑定到数字对象 2 上
b=3       #相当于把原来整数 2 身上的 b 标签撕掉,贴到整数 3 身上。
c=b       #相当于在对象 3 上贴了 b、c 两个标签,通过 b 与 c 可以对对象 3 进行操作
```

在 Python 函数中,参数的传递本质上是一种赋值操作,而赋值操作是名字到对象的绑定过程。见如下代码,理解为什么是这样的输出。

```python
def func(arg):
    arg=2
    print(arg)


a=1
func(a)       #输出为 2
print(a)      #输出为 1
```

在上述代码段中,变量 a 绑定了 1,调用函数 func(a)时,相当于给参数 arg 赋值 arg＝1,这时两个变量都绑定了 1。在函数中 arg 重新赋值为 2 之后,相当于把 1 上的 arg 标签撕掉,贴到 2 身上,而 1 上的另一个标签 a 一直存在,因此 print(a)还是 1。变量与对象的引用变化过程如图 5.1 所示。

在此,以下面代码来说明函数参数的传替方式:

```python
def func(args):
    args.append(1)
b=[ ]
print(b)          #输出为 [ ]
print(id(b))      #输出为 2241948639880
func(b)
print(b)          #输出为 [1]
print(id(b))      #输出为 2241948639880
```

在上述代码中对象与变量的关系如图 5.2 所示。

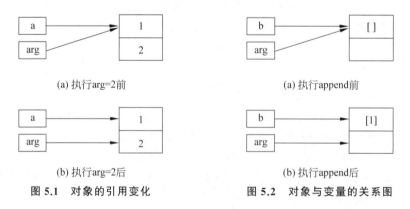

图 5.1　对象的引用变化　　　图 5.2　对象与变量的关系图

执行 append 方法前 b 和 arg 都指向(绑定)同一个对象[],执行 append 方法时,并没有重新赋值操作,也就没有新的绑定过程,append 方法只是对列表对象插入一个元素,对象还是那个对象,只是对象里面的内容变了。因为 b 和 arg 都是绑定在同一个对象上,执行 b.append 或者 arg.append 方法本质上都是对同一个对象进行操作,因此 b 的内容在调用函数后发生了变化(但 id 没有变,还是原来那个对象)。

　　读了上述代码后,读者必须弄明白一个问题,在 Python 中,函数参数的传替究竟是传值还是传引用呢? 说传值或者传引用都不准确,如果非要一个确切的说法,就叫传对象(call by object)。

5.3　函数的作用域

　　作用域也称为名称空间,准确地说是存放变量名与变量值绑定关系的地方。

　　名称空间包括全局名称空间、局部名称空间与内置名称空间 3 种。

　　在执行程序时,存放文件级别定义变量名的空间称为全局名称空间。

　　在执行程序中,如果调用了函数,则会产生该函数的变量名称空间,该空间称为局部名称空间。局部名称空间用来存放调用函数内定义的变量名与变量的值。局部名称空间在函数调用时生效,函数调用结束后失效。

　　内置名称空间中存放 Python 自带的变量名,在 Python 解释器启动时产生,存放一些 Python 内置的变量名,编程时直接就可以使用。

5.3.1　作用域分类

　　在 Python 中,变量的作用域分为 L、E、G、B 4 种。

　　L:local,局部作用域,即函数中定义的变量。

　　E:enclosing,外层作用域,也称为嵌套的父级函数的局部作用域,但不是全局的(在闭包中较常见)。

　　G:global,全局作用域,就是模块级别定义的变量。

　　B:built-in,内置作用域系统固定模块中定义的变量,如 int、bytearray 等。

　　在 Python 中,加载变量的优先级顺序依次是内置作用域→全局作用域→外层作用域→局部作用域。

　　搜索变量的优先级顺序依次是局部作用域→外层作用域→全局作用域→内置作用域,也就是 L、E、G、B 顺序。

　　当然,local 和 enclosing 是相对的,enclosing 变量相对上层来说也是 local。

　　见下面程序代码:

```
x=int(2.9)                   #x 为内置作用域
g_count=0                    #g_count 为全局作用域
def outer():
    o_count=1                #o_count 为外层作用域
    def inner():
        i_count=2            #i_count 为局部作用域
        print(o_count)
    print(i_count)           #输出为 NameError: name 'i_count' is not defined
```

```
        inner()
outer()            #正常打印:1
print(o_count)     #输出为 NameError: name 'o_count' is not defined
```

说明：在上述程序中，inner 函数内部 print(o_count)语句在使用 o_count 变量时，由于 inner 函数内部没有 o_count 变量，就去上一级 outer 函数内部找，找到后打印输出。在 outer 函数内部执行 print(i_count)语句时，就要找 i_count 变量，虽然 i_count 在 inner 函数内部，但并不会去 inner 内置作用域中找，而是找 outer 函数的作用域，找不到就一级一级地往上找，找不到就报错。全局空间中执行 print(o_count)时要找变量 o_count，该变量也在 outer 函数内部，按搜索变量的优先级也找不到，因此报错。

5.3.2　作用域产生与变量的修改

在 Python 中，只有模块(module)，类(class)以及函数(def、lambda)才会引入新的作用域，其他的代码块(如 if、try、for 等)是不会引入新的作用域的，见如下代码：

```
if 2>1:
    x=1
print(x)       #输出为 1
```

这个是没有问题的，因为 if 并没有引入一个新的作用域，x 仍处在当前作用域中，所以，输出是 1。

又见如下示例：

```
def test():
    x=2
print(x)       #输出为 NameError: name 'x2' is not defined
```

上面代码在输出时报错，主要原因是 def、class、lambda 是引入新作用域的，变量 x 是局部作用域，print(x)中的变量 x 只能使用全局变量或系统固定模块里面的变量，所以报错。见如下示例：

```
x=6
def f2():
    print(x)
    x=5
f2()
```

变量应先声明，再引用。上段代码错误的原因在于执行 print(x)，解释器会在局部作用域找，会找到 x=5(函数已经加载到内存)，但 x 使用在声明前，所以报错。

5.3.3 global 与 nonlocal 关键字

当内置作用域想修改外层作用域的变量时,就要用到 global 和 nonlocal 关键字,当修改的变量是在全局作用域(global 作用域)上的,就要使用 global 先声明一下,代码如下:

```
x=6
def f2():
    global x          #默认找 local 里的 x,加上 global 关键字去找外面 global 的 x
    print(x)
    x=5               #对 global 的 x 进行修改

f2()                  #输出为 6
print(x)              #输出为 5
```

继续见如下代码:

```
count=10
def outer():
    global count
    print(count)      #输出为 10
    count=100
    print(count)      #输出为 100
outer()
#global 能少用就少用,因为会对全局变量做出修改,影响全局其他代码使用这个全局变量
```

global 关键字声明的变量必须在全局作用域上,不能在嵌套的文件函数的局部作用域上,当要修改嵌套的文件函数的局部作用域(外层作用域,外层非全局部作用域)中的变量时就需要 nonlocal 关键字。

如果把程序代码修改如下,此时的输出会发生变化。

```
count=200             #count 为全局作用域
def outer():
    count=10          #count 为外层作用域
    def inner():
        nonlocal count
        count=20      #修改外层作用域变量 count 的值
        print(count)  #输出为 20
    inner()
    print(count)      #输出为 20
outer()
```

在使用变量作用域时需要注意如下一些问题。

（1）变量查找顺序：L、E、G、B，局部作用域→外层作用域→全局作用域→内置作用域。

（2）只有模块、类及函数才能引入新作用域。

（3）对于一个变量，内置作用域先声明就会覆盖外部变量，不声明直接使用，就会使用外层作用域的变量。

（4）内置作用域要修改外层作用域变量的值时，全局作用域变量要使用 global 关键字，外层作用域变量要使用 nonlocal 关键字。

5.4　高阶函数、递归函数与匿名函数

5.4.1　高阶函数

在此，先给高阶函数一个定义。

（1）函数接收的参数是一个函数名。

（2）函数返回的是一个函数名。

只要满足上述条件中的任意一个条件的函数均属于高阶函数。

见如下函数参数为函数的示例：

```python
def f(n):
    '求 n 的平方'
    return n * n

def func(a,b,f1):    #参数 func 为函数
    '利用 f(n)函数求两个数的平方之和'
    sum=f(a)+f(b)
    return sum
#上述为函数部分
#下面为函数调用部分
print(func(2,4,f))  #调用 func 函数时,实参 2 传给形参 a,实参 4 传给形参 b,实参 f 函数传
                    #给函数 f1,然后使用 f 函数计算 2 的平方,再使用 f 函数求 4 的平方。
```

注意：函数名本身就是变量，只是该变量指向函数代码的起始地址。

为了理解高阶函数，在此说明函数对象的赋值与存储问题，见如下示例：

```python
def f1(a,b):
    print(a+b)
#上述为函数部分
#下面为函数调用部分
a=8
b=a
f2=f1
f2(a,b)
```

上述代码在运行过程内存的存储过程如图 5.3 所示。函数名其实也是一个对象的引用,该引用指向了堆内存中加载函数的起始地址,只是在调用该对象时要加上()。

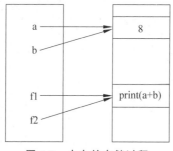

图 5.3　内存的存储过程

高阶函数除了可以接收函数作为参数外,还可以把函数作为函数的结果值返回。见如下实现一个可变参数求和的示例:

```
def calc_sum( * args):
    def sum():
    ax=0
    for n in args:
        ax=ax +n
    return ax
    retun sum
#上述为函数部分
#下面为函数调用部分
sum1=calc_sum(1, 3, 5, 7, 9)
print(sum1)     #输出为<function calc_sum.<locals>.sam at 0x000002BTF07C8Bf8>
print(sum1())   #输出为 25
```

从上述代码可以看出 sum1 与 sum1()的区别:sum1 是函数名,是 sum 函数的地址,即指向 sum 函数的对象;而 sum1()是一个函数的调用,返回的是 sum 函数的结果。

5.4.2　递归函数

在函数内部,可以调用其他函数。如果一个函数在内部调用自身,这个函数就是递归函数。下面以计算阶乘 $n! = 1 \times 2 \times 3 \times \cdots \times n$ 来介绍递归函数。假如该函数用 func(n) 表示,可以看出:func(n)=n! $= 1 \times 2 \times 3 \times \cdots \times (n-1) \times n = (n-1)! \times n = func(n-1) \times n = func(n)$。所以,func(n)可以表示为 $n \times func(n-1)$,只有 $n=1$ 时需要特殊处理。于是,fact(n)用递归的方式实现:

```
def func(n):
    if n==1:
        return 1
    return  n * func(n-1)
```

如果计算 fact(5),可以根据函数定义得到计算过程如下:

```
def calc_sum( * args):
    def sum():
        ax=0
        for n in args:
            ax=ax +n
        return ax
    return sum                          #返回函数 sum
#上述为函数部分
#下面为函数调用部分
f_sum=calc_sum(1, 3, 5, 7, 9)          #f_sum 是返回的函数 sum,并不是求和结果
sum=f_sum()                             #f_sum()就是调用 sum 函数,生成求和结果
print(sum)                              #输出为 25
```

```
1      fact(5)
2      5 * fact(4)
3      5 * (4 * fact(3))
4      5 * (4 * (3 * fact(2)))
5      5 * (4 * (3 * (2 * fact(1))))
6      5 * (4 * (3 * (2 * 1)))
7      5 * (4 * (3 * 2))
8      5 * (4 * 6)
9      5 * 24
10     120
```

递归函数的优点是定义简单,逻辑清晰。理论上,所有的递归函数都可以写成循环的方式,但循环的逻辑不如递归清晰,但在使用时需要注意防止堆栈溢出。在计算机中,函数调用是通过栈(stack)这种数据结构实现的,每当进入一个函数调用,栈就会加一层栈帧,每当函数返回,栈就会减一层栈帧。由于栈的大小不是无限的,所以,递归调用的次数过多,会导致栈溢出。

5.4.3 匿名函数

匿名函数即没有绑定名字的函数,没有绑定名字,意味着只能用一次就会被回收,所以匿名函数的应用场景就是某个函数只用一次就结束。通常不希望再次使用(即只使用一次的)的函数可以定义为匿名函数。匿名函数的定义方法是

```
lambda arg1,arg2,…argn:expression
```

说明:

(1) 参数可以有多个,参数之间用","分隔;

（2）匿名函数不管逻辑多复杂，只能写一行，且逻辑执行结束后的结果就是返回值；

（3）返回值和正常的函数一样可以是任意数据类型。

匿名函数的调用方法：直接赋值给一个变量，然后再像一般函数一样调用。

见下面示例：

```
f=lambda a,b,c:a+b+c
#关键字 lambda 表示匿名函数,冒号之前的 a,b,c 是这个函数的参数,冒号之后的表达式的结
#果就是返回值
print (f(1,2,3))
#输出结果为 6
```

下面是无参匿名函数的示例：把字符串"this is\na\ttest"按照正常情形输出。

用传统的方法输出方式如下：

```
s="this is\na\ttest"
string_list=s.split()           #split 函数默认分隔是空格、换行符、Tab
string=' '.join(string_list)    #用 join 函数转一个列表为字符串
print(string)                   #输出为 this  is  a  test
```

用匿名函数实现的方法如下：

```
print((lambda s:' '.join(s.split()))("this is\na\ttest"))
```

在匿名函数中也可以使用默认值传值，见如下示例：

```
c=lambda x,y=2: x+y            #使用了默认值
c(10)                          #参数 y 没有传值就使用默认值 2
```

在匿名函数中，也可以使用无名参数，见如下示例：

```
c=lambda * * Arg: Arg          #arg 返回的是一个字典
print(c())
```

在匿名函数中，也可以使用有名参数，见如下示例：

```
a=lambda * z:z                 # * z 返回的是一个元组
print(a('Testing1','Testing2'))
('Testing1', 'Testing2')
```

在匿名函数中，可以直接在函数后传递实参，见如下示例：

```
>>>(lambda x,y: x if x>y else y)(101,102)
102
>>>(lambda x:x * * 2)(3)
```

9

在普通函数中嵌套 lambda 函数作为普通函数的 return 值。见如下示例：

```
def increment(n):
    return lambda x: x+n
f=increment(4)
print(f(2))          #输出为 6
```

5.5 装 饰 器

装饰器是函数式编程的重要概念。装饰器就是在不改变函数功能的前提下对函数功能进行扩充的一种方法，因此，可以把装饰器理解为一个包装函数的函数。在 Python 中引入装饰器的目的是在不能修改被装饰的函数源代码与调用方式的前提下为程序增添功能。如果想掌握装饰器先必须认识闭包。

5.5.1 闭包

从前面学习可知，函数只是一段可执行代码，编译后就被"固化"了，每个函数在内存中只有一份实例，得到函数的入口点便可以执行函数了。在函数式编程语言中，函数是可以直接使用函数名来调用，函数也可以作为另一个函数的参数或返回值，函数是可以直接赋给一个变量的。函数可以嵌套定义，即在一个函数内部可以定义另一个函数，有了嵌套函数这种结构，便会产生闭包问题。

1. 闭包的定义

什么是闭包呢？闭包是指如果在一个内部函数中，对在外层作用域（但不是在全局作用域）的变量进行引用，内部函数就被认为是闭包。

见如下示例：

```
def outer(n):
    sum=n
    def inner():
        return sum+1
    return inner

myFunc=outer(10)
print(myFunc())              #输出为 11
myAnotherFunc=outer(20)
print(myAnotherFunc())       #输出为 21
```

在这段程序中，函数 inner 是函数 outer 的内嵌函数，并且是 outer 函数的返回值。在上述嵌套定义的函数中，内嵌函数 inner 中引用到外层函数中的局部变量 x。当分别用不同的参数调用 outer 函数得到的返回函数 myFunc 与 myAnotherFunc,得到的结果是隔离的,即每次调用 outer 函数后都将生成并保存一个新的局部变量 sum。其实这里 outer 函数返回的就是闭包。

按照命令式编程语言的规则,outer 函数只是返回了内嵌函数 inner 的地址,在执行 inner 函数时会由于在其作用域内找不到 sum 变量而出错。而在函数式语言中,当内嵌函数体内引用到体外的变量时,将会把定义时涉及的引用环境和函数体打包成一个整体(闭包)返回。如果引入引用环境来定义闭包:引用环境是指在程序执行中的某个点所有处于活跃状态的约束(一个变量的名字和其所代表的对象之间的联系)所组成的集合。闭包的使用和正常的函数调用没有区别。

由于闭包把函数和运行时的引用环境打包成为一个新的整体,所以就解决了函数编程中的嵌套所引发的问题。如上述代码段中,当每次调用 outer 函数时都将返回一个新的闭包实例,这些实例之间是隔离的,分别包含调用时不同的引用环境现场。与函数不同的是,闭包在运行时可以有多个实例,不同的引用环境和相同的函数组合可以产生不同的实例。

在上述示例中,调用 inner 函数有两种方法,一是 outer(参数)(),方法二是定义一个对象接收 outer(参数)函数的返回值,例如 f = outer(参数),然后用 f()来调用 inner 函数。

2. 闭包的作用

闭包主要是在函数式开发过程中使用,闭包主要用于保持当前的运行环境。例如,如果编程者希望函数的每次执行结果都是基于函数上次的运行结果,就可以使用闭包来实现。

在此,以一个类似棋盘游戏的例子来说明。假设棋盘大小为 50 * 50,左上角为坐标系原点(0,0),程序员需要写一个函数,接收两个参数,分别为方向(direction)、步长(step),该函数控制棋子的运动。棋子运动的新的坐标除了依赖于方向和步长以外,当然还要根据原来所处的坐标点,用闭包就可以保持这个棋子原来所处的坐标。见如下程序代码:

```python
origin=[0, 0]                    #坐标系统原点
legal_x=[0, 50]                  #x轴方向的合法坐标
legal_y=[0, 50]                  #y轴方向的合法坐标
def create(pos=origin):
    def player(direction,step):
        new_x=pos[0] +direction[0] * step
        new_y=pos[1] +direction[1] * step
        pos[0]=new_x
        pos[1]=new_y
        return pos
    return player
```

```
player=create()              #创建棋子 player,起点为原点
print player([1,0],10)       #向 x 轴正方向移动 10 步,输出为[10, 0]
print player([0,1],20)       #向 y 轴正方向移动 20 步,输出为[10, 20]
print player([-1,0],10)      #向 x 轴负方向移动 10 步,输出为[0, 20]
```

5.5.2 装饰器

前面已经介绍了函数的作用域,知道程序在执行时搜索变量的优先级顺序依次是局部作用域→外层作用域→全局作用域→内置作用域,按 LEGB 顺序。同样也知道,如函数接收的参数是一个函数名或函数返回的是一个函数名,这样的函数就是高阶函数。如果在一个内部函数里,对在外层作用域(但不是在全局作用域)的变量进行引用,内部函数就被认为是闭包。认识了函数的作用域、高阶函数与闭包的概念后,就可以学习装饰器了。装饰器是 Python 函数编程的重要内容之一,比较抽象,不易理解,在此,以一个需求做介绍。假如有一个项目,程序员已经定义了很多函数实现了某些功能,如登录(logger)、日志(log)。函数的定义如下:

```
import time
def logger():
    '函数体'
    time.sleep(1)
    print("我是 logger 函数")
    time.sleep(1)
def log():
    函数体'
    time.sleep(1)
    print("我是 log 函数")
    time.sleep(1)
```

当程序员定义好上述函数后,项目经理给程序员提出了一个新要求,要求调用函数时能显示每个函数的执行时间。在此情况下,初学程序编程的人就会去修改上述两个函数,在函数中增加计算与显示时间的功能。修改如下:

```
import time
def logger():
    start_time=time.time()
    ⁝          #原函数体
    end_time=time.time()
    spent_time=endtime-start_time
    print("spent_time is %s"%spent_time)
def  log():
    start_time=time.time()
```

```
         ⋮              #原函数体
     end_time=time.time()
     spent_time=endtime-start_time
     print("spent_time is %s"%spent_time)
```

这样修改函数后,好像已经达到了项目经理提出的要求。但上述修改出现了两个问题:一是出现了大量重复代码,二是违背了软件开发的开放封闭原则。软件开放封闭的核心思想是软件实体功能应该是可扩展的,但函数的代码是不可修改的。开放封闭原则主要体现在两方面:一是程序有新的需求时,可以对现有代码进行扩展,以适应新的情况;二是当类或函数一旦设计完成后,就可以独立完成其工作,而不能对类或函数进行任何修改。很显然,程序员通过修改已实现的函数来实现新功能是不允许的。那又要如何实现呢? 此时程序员又想到定义一个计算与显示时间的函数来实现。函数如下:

```
import time
def logger():
    ⋮                      #函数体
def  log():
    ⋮                      #函数体
def show_time(func):      #参数为函数
    start_time=time.time()
    func()                 #在此调用函数
    end_time=time.time()
    spent_time=endtime-start_time
    print("spent_time is %s"%spent_time)
#上述为函数部分
#下面为函数调用部分
show_time(logger)          #显示 logger 函数的执行时间
show_time(log)             #显示 log 函数的执行时间
```

通过上述处理后,好像解决了该问题,但又出现了新的问题。问题是什么呢? 程序员调用函数时,原本是用 logger()与 log()方法,现在却变成了 show_time(logger)与 show_time(log)。这不符合传统调用函数的方式,那要如何处理呢? 此时程序员就用闭包处理。实现方式如下:

```
import time
def logger():                     #原功能函数一
    ⋮                             #函数体
def  log():                       #原功能函数二
    ⋮                             #函数体
def show_time(func):              #装饰器函数
    def wrapper():
        start_time=time.time()
```

```
        func()                      #在此调用函数
        end_time=time.time()
        spent_time=end_time-start_time
        print("spent_time is %s"%spent_time)
    return wrapper
#上述为函数部分
#下面为函数调用部分
logger=show_time(logger)          #返回 wrapper 函数给 logger
Logger()                          #调用 logger 函数
Log=show_time(log)                #返回 wrapper 函数给 Log
Log()                             #调用 log 函数
```

这样处理后,调用函数的方式就重新回归传统方式。

在上述示例中,logger 与 log 函数被称为功能函数,show_time 函数就是装饰器函数,该函数把真正的业务逻辑方法 func 函数包裹在该函数中,看起来就像 logger 与 log 函数被 func 函数的前后代码装饰了。

在 Python 中,为了不让编程人员使用 logger = show_time(logger) 与 log = show_time(log) 的语法,引入了@符号,@是装饰器的语法糖,在定义函数的时候使用,避免再一次给函数赋值操作。加了@show_time 后,函数可调整如下:

```
import time
def show_time(func):                #装饰器函数
    def wrapper():
        start_time=time.time()
        func()                      #在此调用函数
        end_time=time.time()
        spent_time=end_time-start_time
        print("spent_time is %s"%spent_time)
    return wrapper

@show_time
def logger():
    '函数体'
    time.sleep(1)
    print("我是 logger 函数")
    time.sleep(1)

@show_time
def  log():
    '函数体'
    time.sleep(1)
    print("我是 log 函数")
```

```
        time.sleep(1)
#上述为函数部分
#下面为函数调用部分
log()
logger()
```

此时的调用完全回到了传统函数的调用方法。有了该装饰器后，无论哪个函数，如果要增加显示该函数的运行时间，只要在该函数前加上@showtime就可以了。

```
import time
def show_time(func):                    #装饰器函数
    def wrapper(x,y):
        start_time=time.time()
        func(x,y)                       #在此调用函数
        end_time=time.time()
        spent_time=end_time-start_time
        print("spent_time is %s"%spent_time)
    return wrapper
@show_time
def add(a,b):                           #两个参数的加法器
    print(a+b)
    time.sleep(1)
#上述为函数部分
#下面为函数调用部分
add(8,10)
```

上面的功能函数logger是一个无参函数，但实际定义的功能函数是带参数的，如果功能函数带参数，那么装饰器函数如何定义参数呢？在此以一个加法来说明带参数的装饰器函数定义。

5.6 生成器与迭代器

5.6.1 生成器

1. 什么是生成器

前面已介绍过列表生成式可以直接创建一个列表，但是，受到内存限制，列表容量肯定是有限的。如果创建一个包含100万个元素的列表，而程序仅需要访问前面几个元素，这样不仅占用很大的存储空间，而且很大空间被白白浪费了。如果列表元素可以按照某种算法推算出来，而不必创建完整的列表，从而节省大量的空间，在Python中，这种一边循环一边计算的机制称为生成器。

生成器（generator）是一个特殊的程序，可以用来控制循环的迭代行为，在 Python 中，生成器是迭代器的一种，使用 yield 返回值的函数，每次调用 yield 会暂停，而可以使用 next() 函数和 send() 函数恢复生成器。生成器类似于返回值为数组的一个函数，这个函数可以接收参数，可以被调用，但不同于一般的函数会一次性返回包括了所有数值的数组，生成器一次只能产生一个值，这样消耗的内存数量将大大减小。而且允许调用函数可以很快地处理前几个返回值，因此生成器看起来像是一个函数，但是表现得却像是迭代器。为了理解生成器，首先讨论一个需求的实现问题。

需求：有一个列表 $[0,1,2,3,4,5,6,7,8,9]$，要求把列表里面的每个值加 1。

如何实现该需求呢？根据前面所学的知识，有如下两种方法来解决。

1）使用 for 循环实现

```
list_data=[0, 1, 2, 3, 4, 5, 6, 7, 8, 9]
for index,i in enumerate(list_data):
    list_data[index] +=1
print(list_data)
#上述为程序部分
#下面为程序输出
[1, 2, 3, 4, 5, 6, 7, 8, 9, 10]
```

2）使用列表生成式实现

```
list_data1=[0, 1, 2, 3, 4, 5, 6, 7, 8, 9]
list_data2=[i+1 for i in list_data1]
print(list_data2)
#上述为程序部分
#下面为程序输出
[1, 2, 3, 4, 5, 6, 7, 8, 9, 10]
```

不管通过何种方法实现，都要直接创建一个列表。列表是受到计算机内存空间的限制的，列表元素个数肯定是有限的。如果使用生成器就会克服上面的不足。

2. 生成器的创建

要创建一个 generator，主要有两种方法。

1）创建生成器方法之一

第一种方法很简单，只有把一个列表生成式的 $[\ ]$ 中改为 $(\ )$，就创建一个 generator。见下面示例：

```
#列表生成式
list1=[x * x for x in range(10)]
print(list1)
#生成器
```

```
generator_list=(x * x for x in range(10))
print(generator_list)
#上述为程序部分
#下面为程序输出
[0, 1, 4, 9, 16, 25, 36, 49, 64, 81]
<generator object <genexpr>at 0x000001DFCC46AFC0>
```

在上述代码中,创建 list1 和 generator_list 有什么区别呢? 从表象上看就是[　]和()的区别,但输出的结果却完全不一样,使用列表生成式时打印出来是列表本身,而使用生成器时打印出来却是<generator object <genexpr> at 0x000002A4CBF9EBA0>一个生成器对象的地址。如何打印出 generator_list 的每一个元素呢? 如果要把生成器的元素打印出来,该如何处理呢? 可以使用 next()函数获得 generator 的下一个返回值。

注意:该值首先并不存在,生成器会按照 x * x for x in range(10)的算法推算出来。

```
#生成器
generator_list=(x * x for x in range(10))
    print(next(generator_list))
    print(next(generator_list))
    print(next(generator_list))
    print(next(generator_list))
    print(next(generator_list))
    print(next(generator_list))
    print(next(generator_list))
    print(next(generator_list))
    print(next(generator_list))
    print(next(generator_list))
    print(next(generator_list))
结果:
#上述为程序部分
#下面为程序输出
0
1
4
...
Traceback (most recent call last):
  File "列表生成式.py", line 42, in <module>
    print(next(generator_list))
StopIteration
```

从上述程序可以看到,生成器保存的是算法,每次调用 next(generator_list)时计算出下一个元素的值,一直到计算出最后一个元素的值,当生成器已没有元素能生成时,就会抛出 StopIteration 的错误。上述通过 next 方法不断调用是一个不好的习惯,正确的方法是使用 for 循环，因为 generator 也是可迭代对象。

创建一个生成器后，基本上不会调用 next()，而是通过 for 循环来迭代。见如下代码：

```
generator_ex=(x * x for x in range(10))
for i in generator_ex:
    print(i)
```

使用 for 循环来迭代不需要关心 StopIteration 的错误。generator 非常强大，如果推算的算法比较复杂，则用类似列表生成式的 for 循环无法实现的时候，还可以用函数来实现。

2）创建生成器方法之二

生成器也可以是使用 yield 方法产生。生成器跟普通函数不同的是，当一个生成器函数被调用时，它返回一个生成器对象，而不用执行该函数。在调用生成器的过程中，每次遇到 yield 时函数会暂停并保存当前所有的运行信息，返回 yield 的值，并在下一次执行 next() 方法时从当前位置继续运行。

以下示例说明普通函数与生成器的区别。

```
#普通函数
def func():
    print("ok")
    return 'done'
str=func()          #调用函数,把返回值赋给 str
print(str)          #输出 str 的值
#上述为程序部分
#下面为程序输出
ok
done
```

```
#生成器
def func():
    print("ok1")        #语句 4
    yield 1             #语句 5
    print("Ok2")        #语句 6
    yield 2             #语句 7
    print("ok3")        #语句 8
    yield 3             #语句 9
return "none"
g=func()            #语句 1
for i in g:         #语句 2
    print(i)        #语句 3
```

```
#上述为程序部分
#下面为程序输出
ok1
1
Ok2
2
ok3
3
```

从上面程序可知,在调用一个生成器函数时,返回的是一个迭代器对象。下面以例子来说明。

上面程序的运行过程: ①运行语句 1 创建生成器 g。②执行语句 2 开始遍历生成器中的对象。遍历生成器对象首先执行语句 4,输出 OK1;然后执行语句 5,把值 1 返回给 I,然后通过语句 3 输出 i 的值为 1。③继续遍历生成器 g,此时返回到语句 5,往下执行语句 6 输出 ok2,再执行语句 7,把值 2 返回给 i,执行语句 3,输出生成器第二个值 2。④继续遍历生成器 g,此时返回到语句 7,往下执行语句 8 输出 ok3,再执行语句 9,把值 3 返回给 i,执行语句 3,输出生成器第三个值 3。遍历结束,程序运行也结束。

以下实例使用 yield 实现斐波那契数列。在斐波那契数列除中,第一项、第二项与第三项值确定后,其后两项的计算方法是 before, after = after, before + after,其实相当于 temp = before + after, before = after, after = temp,所以不必显示写出临时变量 temp。程序代码如下:

```
def fib(max):
    n,before,after=0,0,1
    while n <max:
        before,after=after,before+after
        n=n+1
        print(before)
    return 'done'


a=fib(10)
```

仔细观察,可以看出,fib 函数实际上是定义了斐波拉契数列的推算规则,可以从第一个元素开始,推算出后续任意的元素,这种逻辑其实非常类似生成器。

即上面的函数也可以用生成器来实现,上面示例中发现,print(before)每次函数运行都要打印,占内存,所以为了不占内存,也可以使用生成器。见如下调用:

```
#fibonacci 数列 1,1,2,3,5,8,13,21,34, 55,…
def fib(max):
    n,before,after=0,0,1
    while n <max:
```

```
        yield after
        before,after=after,before+after
        n=n+1
    return 'done'
g=fib(10)
print(fib(10))
print(next(g))        #输出数列第一项 1
print(next(g))        #输出数列第二项 1
print(next(g))        #输出数列第三项 2
print(next(g))        #输出数列第四项 3
print(next(g))        #输出数列第五项 5
print(next(g))        #输出数列第六项 8
print(next(g))        #输出数列第七项 13
print(next(g))        #输出数列第八项 21
print(next(g))        #输出数列第九项 34
print(next(g))        #输出数列第十项 55
print(next(g))        #总计 10 项数据,此输出为第 11 项,产生异常 StopIteration: done
```

这样就不占内存了,这里再强调的是生成器和函数的执行流程是不同的,函数是顺序执行的,遇到 return 语句或者最后一行函数语句则返回。而变成生成器的函数,在每次调用 next()的时候执行,遇到 yield 语句返回,再次被 next()调用时,从上次的返回 yield 语句处执行,也就是用多少,取多少,不浪费内存。

用 for 循环对生成器进行遍历的方法如下。

```
#fibonacci 数列 1,1,2,3,5,8,13,21,34,55,…
def fib(max):
    n,before,after=0,0,1
    while n <max:
        yield after
        before,after=after,before+after
        n=n+1
    return 'done'
g=fib(10)
for i in g:
    print(i)
#执行以上程序,输出结果为
0 1 1 2 3 5 8 13 21 34 55
```

但是用 for 循环调用生成器时,取不到生成器的 return 语句的返回值。如果拿不到返回值,就会报错。为了不让报错,就要进行异常处理,拿到返回值,如果想要拿到返回值,必须捕获 StopIteration 错误,返回值包含在 StopIteration 的 value 中。实现方法如下:

```
# fibonacci 数列 1, 1, 2, 3, 5, 8, 13, 21, 34, …
def fib(max):
    n, before, after = 0, 0, 1
    while n < max:
        yield after
        before, after = after, before + after
        n = n + 1
    return 'done'
g = fib(10)
while True:
    try:
        x = next(g)
        print(x)
    except StopIteration as e:
        print("生成器返回值:", e.value)
        break
# 上述为程序部分
# 下面为程序输出
0 1 1 2 3 5 8 13 21 34 55          # 实际是一行只输出一项数据,此处写在一行
生成器返回值: done
```

3. 生成器的 send 函数

send 函数与 next 函数很相似,都能获得生成器的下一个 yield 后面表达式的值,不同的是 send 函数可以向生成器传递参数。见如下示例:

```
import time
def func(n):
    for i in range(0, n):
        arg = yield i
        print('func:', arg)


f = func(4)
while True:
    print('main:', next(f))
    print('main:', f.send(100))
    time.sleep(1)
# 上述为程序部分
# 下面为程序输出
main: 0
func: 100
main: 1
func: None
```

```
main: 2
func: 100
main: 3
func: None
Traceback (most recent call last):
  File "D:/fileop/gen.py", line 9, in <module>
    print('main:', next(f))
StopIteration
```

程序首先调用 next 函数,使得生成器执行到第 4 行的时候,把 i 的值 0 作为 next 函数的返回值返回,程序输出 main：0,然后生成器暂停。程序往下调用 send(100) 函数,生成器从第 4 行继续执行,send 函数的参数 100 作为 yield 的返回值,并赋值给 arg,然后得到 func：100 的输出。简单地说,send 函数使得 yield 关键字拥有了返回值返回给它的左值。

说明：在使用 send 函数时,不能将一个非 None 的值传给初始的生成器,即在调用 send 函数前,生成器内部应该执行到 yield 所在的语句并暂停。在调用带非空参数的 send 函数之前,应该使用 next(generator) 或者 send(None),使得生成器执行到 yield 语句并暂停。

下面程序会报错：

```
import time
def func(n):
    for i in range(0, n):
        arg=yield i
        print('func:', arg)


f=func(10)
while True:
    print('main:', f.send(100))
    time.sleep(1)
#上述为程序部分
#下面为程序输出
Traceback (most recent call last):
  File "C:/Users/mingC/PycharmProjects/pro_test/Demo/Demo4.py", line 9, in
<module>
print('main:', f.send(100))
TypeError: can't send non-None value to a just-started generator
```

错误原因是在调用带非空参数的 send 函数之前,没有使用 next(generator) 或者 send(None)使得生成器执行到 yield 语句并暂停。

由此可见,生成器随着时间的推移生成了一个数值队列。一般的函数在执行完毕之后会返回一个值然后退出,但是生成器函数会自动挂起,然后重新继续执行,它会利用

yield 关键字挂起函数,给调用者返回一个值,同时保留了当前的状态,可以使函数继续执行,生成器和迭代协议是密切相关的,可迭代的对象都有一个 next 法,这个方法要么返回迭代的下一项,要么引起异常结束迭代。具有 yield 关键字的函数都是生成器,yield 可以理解为 return,返回后面的值给调用者。不同的是 return 返回后,函数会释放,而生成器则不会。在直接调用 next 方法或用 for 语句进行下一次迭代时,生成器会从 yield 下一句开始执行,直至遇到下一个 yield。

结论如下所述。

(1) 对于生成器,当调用函数 next(generator)时,将获得生成器 yield 后面表达式的值。

(2) 当生成器已经执行完毕时,再次调用 next 函数,生成器会抛出 StopIteration 异常。

(3) 当生成器内部执行到 return 语句时,自动抛出 StopIteration 异常,return 的值将作为异常的解释。

(4) 外部可以通过 generator.close()函数手动关闭生成器,此后调用 next 或者 send 方法将抛出异常。

5.6.2　迭代器

迭代是访问集合元素的一种方式。迭代器(iterator)是一个可以记住遍历位置的对象。迭代器对象是实现了 iter 和 next 两个方法的对象: iter 用于创建迭代器对象,next 用于获得下一个迭代元素。在 Python 中,访问迭代器对象时只能从第一个元素开始访问,直到所有的元素被访问完结束;string、list 或 tuple 对象可用于创建迭代器。见下面程序示例,理解 iter 和 next 两个方法的使用。

```
list=[1,2,3,4]
it=iter(list) #this builds an iterator object
print (next(it)) #prints next available element in iterator
#Iterator object can be traversed using regular for statement
for x in it:
    print (x, end=" ")
#using next() function
while True:
try:
    print (next(it))
except StopIteration:
sys.exit() #you have to import sys module for this
```

迭代器的特征是从集合的第一个元素开始访问对象,直到所有元素被访问完结束,访问对象元素时只能从前往后访问。使用迭代器的优点是不要求事先准备好整个迭代过程中的所有元素。迭代器仅在迭代到某个元素时才计算该元素,而在这之前或之后元素可以不存在或者被销毁。因此迭代器适合遍历一些数量巨大甚至无限的序列。

注意：当迭代完最后一个数据之后，再次调用 next() 函数会抛出 StopIteration 的异常，来告诉调用者所有数据都已迭代完成，不用再执行 next() 函数了。

5.6.3 可迭代对象与迭代器判断

通过前面可知，可以直接作用于 for 循环的数据类型有两类：一类是集合数据类型，如列表、元组、字典、集合与字符串等；另一类是生成器，包括生成器和带 yield 的生成器函数。在 Python 中，可以直接作用于 for 循环的对象统称为可迭代对象(Iterable)。判断一个对象是否是可迭代对象可以使用 isinstance() 函数。见下面示例：

```
>>>from collections import Iterable
>>>isinstance([ ], Iterable)              #列表是可迭代对象
True
>>>isinstance({}, Iterable)               #字典是可迭代对象
True
>>>isinstance('abc', Iterable)            #字符串是可迭代对象
True
>>>isinstance((x for x in range(10)), Iterable)   #生成器是可迭代对象
True
>>>isinstance(100, Iterable)              #数值是非可迭代对象
False
>>>l1=["张三","李四","王五"]
>>>s1=set(l1)
>>>isinstance(s1,Iterable)                #集合是可迭代对象
True
```

```
>>>from collections import Iterator
>>>isinstance(iter([ ]), Iterator)
True
>>>isinstance(iter('abc'), Iterator)
True
```

在上述集合数据类型中，生成器不但可以作用于 for 循环，还可以被 next() 函数不断调用并返回下一个值，直到最后抛出 StopIteration 错误，表示无法继续返回下一个值了。在 Python 中，可以被 next() 函数调用并不断返回下一个值的对象称为迭代器(Iterator)。判断一个对象是不是迭代器对象也可以使用 isinstance() 函数。见下面示例：

生成器都是迭代器对象，但 list、dict、str 虽然是可迭代对象，却不是迭代器对象。把 list、dict、str 等可迭代对象变成迭代器对象可以使用 iter() 函数。见如下示例：

```
>>>from collections import Iterator
>>>isinstance((x for x in range(10)), Iterator)   #生成器是迭代器对象
True
```

```
>>>isinstance([ ], Iterator)                        #列表不是迭代器对象
False
>>>isinstance({}, Iterator)                         #字典不是迭代器对象
False
>>>isinstance('abc', Iterator)                      #字符串不是迭代器对象
False
```

为什么 list、dict、str 等数据类型不是迭代器？这是因为 Python 的迭代器对象表示的是一个数据流，迭代器对象可以被 next()函数调用并不断返回下一个数据，直到没有数据时抛出 StopIteration 错误。在 Python 中，可以把这个数据流看作是一个有序序列，但不能提前知道序列的长度，只能不断通过 next()函数实现按需计算下一个数据，所以迭代器的计算是惰性的，只有在需要返回下一个数据时它才会计算。

迭代器甚至可以表示一个无限大的数据流，例如全体自然数。而使用 list 是永远不可能存储全体自然数的。

5.7　小　　结

本章介绍了函数相关的知识。数是用来实现单一或相关联功能的程序代码段。函数可以减少重复代码，增强程序的扩展性、可读性；使用原则是先定义后调用，在定义阶段只检测语法不执行函数体代码，调用阶段才执行函数体代码。

Python 函数使用 return 语句返回值，函数不能同时返回多个值，有且仅有一个值返回；所有函数都有返回值，如果没有 return 语句，隐式调用 return None。

一个标识符的可见范围，这就是标识符的作用域。全局作用域在整个程序运行环境中都可见；局部作用域是指在函数、类等内部可见；局部变量使用范围不能超过其所在的局部作用域；外层变量作用域在内置作用域可见。

闭包是指如果在一个内部函数中，对在外层作用域（但不是在全局作用域）的变量进行引用，内部函数就被认为是闭包。装饰器是一个可以很好满足"开放-封闭"设计原理的一种设计模式，其主要原理与闭包相似，函数内返回一个函数名。

在 Python 中，可以被 for 循环的都是可迭代的（字符串、列表、元祖、字典、集合），迭代就是将某个数据集内的数据一个挨着一个地取出来。可以被迭代要满足的要求就叫作可迭代协议。可迭代协议的定义，就是内部实现了 iter 方法。迭代器遵循迭代器协议，必须拥有 iter 方法和 next 方法。

生成器是一个特殊的程序，可以被用作控制循环的迭代行为，在 Python 中，生成器是迭代器的一种，使用 yield 返回值函数，每次调用 yield 会暂停，而可以使用 next()函数和 send()函数恢复生成器。

可迭代对象包含迭代器，如果一个对象拥有 iter 方法，其是可迭代对象；如果一个对象拥有 next 方法，其是迭代器对象。

定义可迭代对象，必须实现 iter 方法；定义迭代器对象，必须实现 iter 和 next 方法。

5.8 练 习 题

1. 填空题

(1) 下面程序的输出结果是_____。

```
d=lambda p:p * 2
t=lambda p:p * 3
x=2
x=d(x)
x=t(x)
x=d(x)
print x
```

(2) 已知 g＝lambda x，y＝3，z＝5：x＋y＋z，表达式 g(2)的值为_____。

(3) 现有两元组(('a'),('b'))，(('c'),('d'))，使用 Python 中匿名函数生成列表[{'a'：'c'}，{'b'：'d'}]_____

(4) 以下代码的输出是_____。

```
def multipliers():
    return [lambda x:i * x for i in range(4)]
print([m(2) for m in multipliers()])
```

修改 multipliers 的定义来产生期望的结果。

(5) 以下代码的输出是什么？给出答案并解释。

```
def bad_append(new_item, a_list=[ ]):
    a_list.append(new_item)
    return a_list

print bad_append('one')
_____
print bad_append('one')
_____
```

2. 编程题(模拟网站实现登录功能)

需求，已知某网站有主页、网上服装、网上书店、网络游戏。要访问该网站功能必须登录。如果用户已登录，访问网站功能不再出现用户登录界面，如果用户没有登录访问网站功能时，自动弹出如下登录界面。

```
**************************************
1 >>>>>>>>>homepage
2 >>>>>>>>>>clothingpage
3 >>>>>>>>>>bookpage
4 >>>>>>>>>>gamepage
**************************************
输入进入的页面：
```

提示：使用装饰器实现。

第6章

模　块

导读

在 Python 中,模块就是.py 文件,在该文件中定义了一些函数和变量,需要使用这些函数与变量时,只要导入该模块即可。Python 之所以功能强大、应用广泛,主要原因之一就是拥有非常庞大的模块库,方便编程人员的使用。本章介绍模块的基础知识、标准库模块、自定义模块与第三方模块等知识。

6.1　模块的基础知识

在项目开发过程中,由于项目的规模越来越大,问题越来越复杂,需要编写的代码越写越多,在一个文件中的代码就会越来越长,项目的维护也越来越不容易。为了编写可维护的代码,现代程序设计语言允许编程人员使用模块来组织函数,确保每个模块包含的功能相对独立且代码相对较少。

6.1.1　模块的概念

模块又称为构件,是能够单独命名且能独立地完成一定功能的程序语句的集合(即程序代码和数据结构的集合体)。它具有外部特征和内部特征,外部特征是指模块跟外部环境联系的接口(即其他模块或程序调用该模块的方式,包括输入输出参数、引用的全局变量)和模块的功能;内部特征是指模块的内部环境具有的特点(即该模块的局部数据和程序代码)。在 Python 中,编程人员可以把事先定义好的函数和变量存在一个.py 文件中,提供给一些脚本或者交互式的解释器程序使用,这样的文件被称为模块(module),一个.py 文件就称为一个模块,两个.py 文件就称为两个模块,在 Python 中,可以使用内置的标准库模块、自定义模块与第三方模块(也称为开源模块)3 类模块。

使用模块有两大基本好处:一是大大提高了代码的可维护性,二是让编程人员编写代码时不必总是从零开始。一个模块编写完毕后就可以在其他程序中引用。当然,使用模块也可以让编程人员避免函数名和变量名的相互冲突,同名的函数和变量完全可以分别存在不同的模块中,这样,编程人员在编写模块时,完全可以不考虑函数名与变量名会与其他模块相冲突。但也要注意,在编写模块时,模块的函数名不能与 Python 的内置函数名相冲突。

在 Python 中,模块名要遵循 Python 命名规范,不能使用中文与特殊字符,模块名也不要和系统内置模块冲突。为了避免模块名冲突,跟其他语言一样,Python 也引入了按包(package)组织模块的方法。包是由关联的多个模块组成的目录,在每一个包下有一个 __ init __.py 文件,这个文件必须存在,否则,Python 就把这个目录当成普通目录,而不是一个包。__ init __.py 可以是空文件,也可以有 Python 代码,因为 __ init __.py 本身就是一个模块,而它的模块名就是包名。例如,一个 abc.py 的文件就是一个名为 abc 的模块,一个 xyz.py 的文件就是一个名为 xyz 的模块。假设 abc 和 xyz 这两个模块名字与其他模块冲突了,为了避免冲突,可以创建一个包(如 mypackage),把这两个模块放在 mypackage 中。结构如图 6.1 所示。

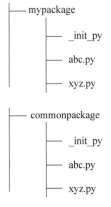

引入了包以后,只要顶层的包名不冲突,那所有模块都不会冲突。在上述结构中,要引入 mypackage 中的 abc 模块,模块名就是

图 6.1 包与模块的结构

mypackage.abc(包名.模块名),要引入 commonpackage 中的模块 abc,模块名就是 commonpackage.abc,类似的,xyz.py 的模块名分别变成了 mypackage.xyz 与 commonpackage.xyz。

注意:在 Python 中,可以有多级目录组成多级层次的包结构。创建模块时也要注意不能和 Python 自带的模块名称冲突。例如,系统自带了 sys 模块,自己的模块就不可命名为 sys.py,否则将无法导入系统自带的 sys 模块。

6.1.2 模块的导入

模块的本质是一个能实现某种功能的 Python 文件。由于已经封装好加载进入 Python app 中,需要时可以直接导入。

模块的导入方法如下。

1. improt 模块名

作用:导入整个模块,这种导入方式比较占用内存。调用方法是模块名.函数名。该方法可以同时导入多个模块,使用方法是

```
import module1_name,module2_name,…
```

2. import 模块名 as 别名

作用:导入整个模块,同时给该包名取一个别名。
调用:别名.功能名。

3. from 模块名 import 函数名

作用:从指定的模块中导入指定的函数,这种指定函数名的导入方法占用的内存比

较少。

调用：调用方法是直接使用方法名。

4. from 模块名 import 函数名 as 别名

作用：从指定的模块中导入指定的函数且给相应的方法取一个别名。
调用：直接拿别名当函数名。

5. from 模块名 import *（用 * 号一次性导入所有函数）

作用：从指定的模块中导入所有的函数。这种导入方法占用的内存就比较大。
调用：直接用方法名。

模块导入要求：被导入的模块与准备导入模块的文件同级，若不在同级，则需把模块的父级目录的路径加入该文件的环境变量里。

6.2 标准库模块

Python 提供了很多的内置模块，这些模块放在 Python 安装目录的 lib 目录中，编程人员要使用这些模块中的方法或变量时，导入相应的模块就可以使用。在第 3 章中，已经介绍过 os 模块，本节继续介绍 time、datetime、random 与 sys 等常用的模块，其他模块的使用可参考其他相关资料。

6.2.1 time 和 datetime 模块

time 和 datetime 都属于时间模块，主要用于时间的获取与时间格式的处理。两模块提供了如下一些主要方法。

1. time 方法

作用：获取从 1970 年 1 月 1 日 00:00:00 开始到现在的浮点数秒数。
示例：

```
>>>import time
>>>print(time.time())
1550021570.8189132
>>>
```

2. sleep 方法

作用：让 CPU 暂停给定秒数后再执行程序。该参数可以是一个浮点数来表示一个更精确的睡眠时间。

例如，time.sleep(3)让 CPU 暂停 3 秒。

3. gmtime 方法

作用：传入时间戳，返回 UTC（又称世界统一时间、世界标准时间、国际协调时间）标准时间，该时间用元组表示（从 1970 年算起）。

时区（time zone）是地球上的区域使用同一个时间定义。1884 年在美国华盛顿召开国际经度会议时，为了克服时间上的混乱，规定将全球划分为 24 个时区。在中国采用首都北京所在地东八区的时间为全国统一使用时间。见如下示例：

```
>>>import time
>>>x=time.gmtime()
>>>print(x)
time.struct_time(tm_year=2019, tm_mon=2, tm_mday=13, tm_hour=1, tm_min=41, tm
_sec=21, tm_wday=2, tm_yday=44, tm_isdst=0)
>>>print(x.tm_year,x.tm_mon,x.tm_mday)
2019 2 13
```

4. localtime 方法

作用：传入时间戳，返回本地（UTC＋8）时间，以元组表示（从 1970 年算起）。
示例：

```
>>>import time
>>>x=time.localtime()
>>>print(x)
time.struct_time(tm_year=2019, tm_mon=2, tm_mday=13, tm_hour=1, tm_min=41, tm
_sec=21, tm_wday=2, tm_yday=44, tm_isdst=0)
>>>print(x.tm_year,x.tm_mon,x.tm_mday)
2019 2 13
>>>
```

5. mktime 方法

作用：将格式化时间转换为时间戳。见如下示例：

```
>>>import time
>>>print(time.mktime(time.localtime()))
1550023493.0
```

6. strftime 方法

格式：strftime("格式",struct_time)
作用：转换为格式化时间（time.gmtime 与 time.localtime 都是 struct_time）。

格式符号说明：

%y　两位数的年份表示(00～99)

%Y　四位数的年份表示(0000～9999)

%m　月份(01～12)

%d　月内中的一天(0～31)

%H　24 小时制小时数(0～23)

%I　12 小时制小时数(01～12)

%M　分钟数(00～59)

%S　秒(00～59)

%a　本地简化的星期名称

%A　本地完整的星期名称

%b　本地简化的月份名称

%B　本地完整的月份名称

%c　本地相应的日期表示和时间表示

%j　年内的一天(001～366)

%p　本地 A.M.或 P.M.的等价符

%U　一年中的星期数(00～53),星期天为星期的开始

%w　星期(0～6),星期天为星期的开始

%W　一年中的星期数(00～53),星期一为星期的开始

%x　本地相应的日期表示

%X　本地相应的时间表示

%Z　当前时区的名称

%%　%号本身

见如下示例：

```
>>>x=time.localtime()
>>>time.strftime("%y-%m-%d %H:%M:%S",x)
'19-02-13 10:09:18'
```

7. strptime 方法

格式：strptime("格式化的时间字符串","格式")

作用：与 strftime 相反,将格式化时间转换为元组形式。

示例：

```
>>>time.strptime('19-02-13 10:09:18',"%y-%m-%d %H:%M:%S")
time.struct_time(tm_year=2019, tm_mon=2, tm_mday=13, tm_hour=10, tm_min=9, tm
_sec=18, tm_wday=2, tm_yday=44, tm_isdst=-1)
```

8. 格式化时间字符串

格式：print(datetime.datetime.now().strftime("%y-%m-%d %H：%M：%S"))。
示例：

```
>>>import datetime
>>>print(datetime.datetime.now().strftime("%y-%m-%d %H:%M:%S"))
#输出为'2019-02-13 10:17:57'
```

6.2.2　random 模块

random 模块用于生成随机数。主要方法如下。

1. random()

作用：随机返回[0,1]的一个浮点数。

2. randint(n1,n2)

作用：用于生成一个指定范围内的一个随机整数,参数 n1 为下限,n2 为上限。生成的随机数的范围为[n1,n2]。

3. randrange([start]，stop[，step])

作用：从指定范围内,按指定 step 递增的集合中获取一个随机整数。
例如,random.randrange(10，30，2),结果相当于从[10，12，14，16，…，26，28]序列中获取一个随机数,在结果上与 random.choice(range(10，30，2))等效。

4. choice(sequence)

作用：从序列中获取一个随机元素。参数 sequence 表示一个有序类型,如列表、元组、字符串都属于 sequence。

5. sample(sequence，k)

作用：从指定序列中随机获取指定长度的片段并随机排列。
注意：sample 函数不会修改原有序列,如果是返回多个元素时,返回的值可能是同一元素。

6. shuffle(x[，random])

作用：用于将一个列表中的元素打乱,即将列表内的元素随机排列。见如下示例：

```
import random
list1=['A','B', 'C', 'D', 'E']
```

```
random.shuffle(list1)
print (list1)
#输出结果为
['B','D', 'C', 'A', 'E']
```

7. uniform(n1,n2)

作用:用于生成一个指定范围内的随机浮点数,两个参数其中一个是上限,一个是下限。如果 n1>n2,则生成的随机数 n 为 n2≤n≤n1;如果 n1<n2 则 n1≤n≤n2。

例:编写一个 Python 函数,能生成 A~Z、0~9 的 4 位验证码。

函数实现如下:

```
def checkcode():
    "生成随机验证码函数"
    import random
    verification_code=''
    for i in range(4):
        current=random.randrange(0,4)
        if current !=i:
            temp=chr(random.randint(65,90))
        else:
            temp=random.randint(0,9)
        verification_code +=str(temp)
    return verification_code
```

6.2.3 sys 模块

该模块提供对解释器使用或维护的一些变量的访问,以及与解释器强烈交互的一些方法。

1. sys.argv

作用:用来获取命令行输入的参数的(参数和参数之间用空格区分),sys.argv 是一个列表,sys.argv[0]表示程序文件本身的路径,所以传输的参数从索引 1 开始。

例:编写一个程序能模拟程序的上传与下载,上传与下载用参数来控制。

代码如下:

```
#up_download.py 程序用于上传与下载文件
#命令行传入参数 up 与 down 分别表示上传与下载
import sys,time
print(sys.argv)
def up_load():
```

```
    print("正在进行上传文件操作,请等待!")
    time.sleep(5)
    print("上传文件结束!")
def down_load():
    print("正在进行下载文件操作,请等待!")
    time.sleep(5)
    print("下载文件结束!")

if sys.argv[1]=="up":
    up_load()
elif sys.argv[1]=="down":
    down_load()
```

打开命令行,运行 up_download.py 程序。

运行程序的方法分别如下:

```
Python up_download.py  down  xx.txt        #后面带 2 个参数
Python up_download.py  up  xx.txt          #后面带 2 个参数
```

程序输出如下:

```
D:\fileop>Python up_download.py  down  xx.txt
['up_download.py', 'down', 'xx.txt']
正在进行下载文件操作,请等待!
下载文件结束!
D:\fileop>Python up_download.py  up  xx.txt
['up_download.py', 'up', 'xx.txt']
正在进行上传文件操作,请等待!
上传文件结束!
```

从上面的输出可以看出,命令行的 up_download.py 传给列表 sys.argv 作为第 1 个元素,参数 up 与 down 传给列表 sys.argv 作为第 2 个元素,参数 xx.txt 传给列表 sys.argv 作为第 3 个元素。

2. sys.exit(n)

作用:在 Python 中运行程序时,当执行到主程序末尾,解释器或自动退出。如果需要在主程序运行时中途退出,可以调用 sys.exit 函数。该函数带有一个可选的整数参数返回给调用的程序,表示可以在主程序中捕获对 sys.exit 的调用(0 是正常退出,其他为异常退出)。

3. sys.modules

作用:sys.modules 是一个全局字典,该字典是 Python 启动后就加载在内存中。每当程序员导入新的模块，sys.modules 将自动记录该模块。当第二次再导入该模块时，Python 会直接到字典中查找，从而加快程序运行的速度。该模块拥有字典的所有方法。

4. sys.version

作用：获取 Python 解释程序的版本信息。

5. sys.maxsize

作用：用于获取最大的 Int 值。Python 3 有大整数与小整数之分，小整数即小于 sys.maxsize 的整数，大整数即大于 sys.maxsize 的整数。小整数用 4 字节或 8 字节表示，32 位 Python 用 4 字节表示，64 位 Python 用 8 字节表示。大整数每个数字用 16 位或 32 位表示，即 2 字节或 4 字节表示。大整数没有 4 字节或 8 字节的总长度限制，理论上可以无限大。

6. sys.path

作用：获取指定模块搜索路径的字符串列表。如果将写好的模块的路径放在该列表中，在程序中用 import 时就可以正确找到模块。初始化时该属性设置为 path 环境变量的值。

示例：

```
>>>import sys
>>>print(sys.path)
['', 'D:\\Python\\Python35.zip', 'D:\\Python\\DLLs', 'D:\\Python\\lib', 'D:\\
Python', 'D:\\Python\\lib\\site-packages']
```

7. sys.platform

作用：返回操作系统平台名称，该属性主要用于跨平台的判断。

示例：

```
#程序跨平台的应用
import sys,os
if sys.platform=="win32":
    os.system("dir")          #windows命令
else:
    sys.system("ls")          #linux命令
```

6.2.4 hashlib 模块

Python 中的 hashlib 模块提供了摘要算法对数据进行加密。摘要算法是通过一个函数，把任意长度的数据转换为一个长度固定的数据串（通常用十六进制的字符串表示）用于加密相关的操作。摘要算法又称为哈希算法、散列算法。

例如,有人写了一篇文章,内容是一个字符串"how to use md5 in python hashlib? ",并附上这篇文章的摘要是"d26a53750bc40b38b65a520292f69306"。如果有人篡改了这篇文章,改为"how to use python hashlib?",此时,可以知道原文被修改,因为修改后的"how to use python hashlib?"计算出的摘要不同于原文章的摘要。可见,摘要算法就是通过摘要函数对任意长度的数据计算出固定长度的摘要,目的是为了发现原始数据是否被人篡改过。摘要算法之所以能指出数据是否被篡改过,就是因为摘要函数是一个单向函数,计算很容易,但通过摘要反推出数据却非常困难,而且,对原始数据做任何修改,都会导致计算出的摘要完全不同。

主要的加密算法是 md5 算法与 sha 算法,sha 算法又分为 sha1、sha224、sha256、sha512 与 sha384 算法。对于 sha 算法来说,后面跟的数字越大,算法就越复杂,通常用 sha256 算法就可以了。hashlib 提供的主要方法如下。

1. hashlib.md5()

作用:生成一个 md5 加密对象。

说明:md5 是最常见的摘要算法,速度很快,生成结果是长度固定为 128 位的二进制,通常用一个 32 位的十六进制字符串表示。

注意:md5 不能反向求解。

示例:

```
import hashlib
hash=hashlib.md5()                              #md5 对象
hash.update("hello world".encode('utf8'))       #对字符串进行加密
print(hash.hexdigest())                         #输出加密字符串的十六进制数据
#上述为程序部分
#下面为程序输出
5eb63bbbe01eeed093cb22bb8f5acdc3
```

2. hashlib.sha256()

作用:生成一个 sha256 的加密对象。

示例:

```
import hashlib
hash=hashlib.sha256()
hash.update("hello world".encode('utf8'))
print(hash.hexdigest())        #输出加密字符串的十六进制数据
#上述为程序部分
#下面为程序输出
b94d27b9934d3e08a52e52d7da7dabfac484efe37a5380ee9088f7ace2efcde9
```

其他加密算法的使用方法与 sha256 一样，只是加密生成的数据长度不一样而已。

例：利用 md5 进行用户登录网站注册之后实现密码加密。

见代码如下：

```python
import hashlib
def md5(arg):                           #这是加密函数,将传来的参数加密
    md5_pwd=hashlib.md5()
    md5_pwd.update(arg.encode('utf8'))
    return md5_pwd.hexdigest()    #返回加密的数据
def log(user,pwd):                      #登录函数,由于 md5 不能反解,因此登录的时候用正解
    with open('db','r',encoding='utf-8') as f:
        for line in f:
            u,p=line.strip().split('|')
            if u==user and p==md5(pwd):   #登录的时候验证用户名以及加密的密码与之
                                          #前保存的是否一样
                return   true

def register(user,pwd):           #注册的时候把用户名和加密的密码写进文件,保存起来
    with open('db','a',encoding='utf-8') as f:
        temp=user+'|'+md5(pwd)
        f.write(temp)

i=input('1 表示登录,2 表示注册:')
if i=='2':
    user=input('用户名:')
    pwd=input('密码:')
    register(user,pwd)
elif i=='1':
    user=user=input('用户名:')
    pwd=input('密码:')
    r=log(user,pwd)                   #验证用户名和密码
    if r==True:
        print('登录成功')
    else:
        print('登录失败')
else:
    print("账号不存在")
```

6.2.5　configparser 模块

在 Python 中,configparser 模块用来读取配置文件,配置文件的格式与 Windows 下的 ini 文件相似,可以包含一个或多个节(section),每个节可以有多个参数(键=值)。使用配置模块的好处就是不用将配置文件写死,使用程序更加灵活。

1. 配置文件

如果程序没有任何配置文件时,这样的程序对外是全封闭的,一旦程序需要修改一些参数,程序员必须修改程序代码本身并重新编译,这就违背了软件开发的"开放封闭"原则,所以软件通常要使用配置文件。一个软件发布后用户可以根据需要修改配置文件,而不用修改程序。配置文件有很多,如 INI 配置文件、XML 配置文件等。下面就是一个配置文件的格式。

```
[default]
ServerAliveInterval=45
Compression=yes
CompressionLevel=9
Forwardx11=yes

[bitbucket.org]
User=hg

[topsecret.server.com]
Port=50022
Forwarddx11=n0
```

配置文件由节、键、值等组成。节用[]定义,单独占一行,如上述配置文件有[default]、[bitbucket.org]与[topsecret.server.com]3 个节。节内定义键/值对,如[default]节中有 ServerAliveInterval、Compression、CompressionLevel 与 Forwardx11 4 个键(key),这 4 个键的值(value)分别是 45、yes、9、yes。值与值之间用=连接,有些配置文件用:连接。配置文件中还可以有注释。

注意:配置文件中的节必须用小写字母。

2. configparser 模块的常用方法

configparser 模块提供 ConfigParser、RawConfigParser、SafeConfigParser 3 个方法(三者择其一)创建一个对象,使用对象的方法对指定的配置文件做增加、删除、修改、查询操作。见如下示例:

```
import configparser
config=configparser.ConfigParser()
config["default"]={"ServerAliveInterval":45,
                   "Compression":"yes",
                   "CompressionLevel":9
              }
config["bitbucket.org"]={"User":45}
config["topsecret.server.com"]={}
```

```
topsecret=config["topsecret.server.com"]
topsecret["Port"]="50022"
topsecret["Forwarddx11"]="no"
config["DEFAULT"]["Forwarddx11"]="yes"
with open("sample.ini","w") as configfile:
    config.write(configfile)
```

运行该程序就会生成一个 sample.ini 的配置文件。

（1）获取所有节点的方法 sections。

```
import configparser
config=configparser.ConfigParser()      #创建配置对象
config.read("sample.ini", encoding="utf-8")
section_nodes=config.sections()
print(section_nodes)
#上述为程序部分
#下面为程序输出
['default', 'bitbucket.org', 'topsecret.server.com']
```

（2）获取指定节点下所有键/值对的方法 items。

```
import configparser
config=configparser.ConfigParser()
config.read("sample.ini", encoding="utf-8")
key_value=config.items('default')
print(key_value)
#上述为程序部分
#下面为程序输出
[('compressionlevel', '9'), ('serveraliveinterval', '45'), ('compression', '
yes'), ('forwarddx11', 'yes')]
```

（3）获取指定节点下所有键的方法 options。

```
import configparser
config=configparser.ConfigParser()
config.read("sample.ini", encoding="utf-8")
section_keys=config.options("default")
print(section_keys)
#上述为程序部分
#下面为程序输出
['compressionlevel', 'serveraliveinterval', 'compression', 'forwarddx11']
```

（4）获取指定节点下指定 key 值的方法 get。

```
import configparser
config=configparser.ConfigParser()
config.read("sample.ini", encoding="utf-8")
value=config.get('default', 'compressionlevel')
print(value)
#上述为程序部分
#下面为程序输出
9
```

（5）检查是否有某节的方法 has_section。

```
import configparser
config=configparser.ConfigParser()
config.read("sample.ini", encoding="utf-8")
has_sec=config.has_section('default')
print(has_sec)
#上述为程序部分
#下面为程序输出
True
```

（6）添加节点的方法 add_section。

```
import configparser
config=configparser.ConfigParser()
config.read("sample.ini", encoding="utf-8")
config.add_section("Oracle")
config.write(open('sample.ini', 'w'))
#上述为程序部分,打开文件,会有 Oracle 节
```

（7）删除节点的方法 remove_section。

```
import configparser
config=configparser.ConfigParser()
config.read("sample.ini", encoding="utf-8")
config.remove_section("Oracle")
config.write(open("sample.ini", 'w'))
#上述为程序部分,打开文件,Oracle 节已被删除
```

（8）检查节内是否有键的方法 has_option。

```
import configparser
config=configparser.ConfigParser()
```

```
config.read("sample.ini", encoding="utf-8")
has_opt=config.has_option("default","user")
print(has_opt)
```

（9）删除节内键的方法 remove_option。

```
import configparser
config=configparser.ConfigParser()
config.read("sample.ini", encoding="utf-8")
config.remove_option('default', 'compression')
config.write(open("sample.ini", 'w'))
#上述为程序部分,打开文件,default 节的 compression 键已被删除
```

（10）设置节内键值的方法 set。

```
import configparser
config=configparser.ConfigParser()
config.read("sample.ini", encoding="utf-8")
config.set('default', 'compression',"no")
config.write(open("sample.ini", 'w'))
#上述为程序部分,打开文件,default 节的 compression 键已被修改为 no
```

6.2.6　re 模块

Python 中的 re 模块提供各种正则表达式（regular expression）的匹配操作,是一个用于文本解析、复杂字符串分析和信息提取的非常有用的工具。

1. 正则表达式

正则是匹配与替换字符串的规则。正则表达式,也称为规则表达式,正则表达式通常被用来检索、替换符合某个规则的文本。

正则表达式中可出现如下元素。

1）字符组

字符组定义了在同一个位置可能出现的各种字符,字符可以是数字、字母与标点等。在正则表达式中,字符组用[]定义。

例如：

[0123456789]或[0-9]表示配置位置的字符可以是 0～9 任意一个数字字符。

[a-z]表示配置位置的字符可以是所有的小写字母。

[A-Z]表示配置位置的字符可以是所有的大写字母。

[0-9a-fA-F]表示配置位置的字符可以是匹配数字,大小写形式的 a～f,用来验证十六进制字符。

2）元字符

常用元字符如表 6.1 所示。

表 6.1　正则表达式中的常用元字符

元　字　符	匹　配　说　明
.	匹配除换行符以外的任意字符
\w	匹配字母、数字或下画线
\s	匹配任意的空白符
\d	匹配数字
\n	匹配一个换行符
\t	匹配一个制表符
\b	匹配一个单词的结尾
^	匹配字符串的开始
$	匹配字符串的结尾
\W	匹配非字母或数字或下画线
\D	匹配非数字
\S	匹配非空白符
a|b	匹配字符 a 或字符 b
()	匹配括号内的表达式，也表示一个组
[⋯]	匹配字符组中的字符
[^⋯]	匹配除了字符组中字符的所有字符

3）限制符

表 6.2 列出了正则表达式的限制符，请正确理解每个限制符的含义。

表 6.2　正则表达式的限制符

限定符	匹　配　说　明	限定符	匹　配　说　明
*	重复零次或更多次	{n}	重复 n 次
+	重复一次或更多次	{n,}	重复 n 次或更多次
?	重复零次或一次	{n,m}	重复 n～m 次

4）分组符

()表示是一个分组。为了理解分组符，在此用一个示例来说明。

例：写出匹配身份证号码的正则表达式。

身份证号码是一个长度为 15 或 18 个字符的字符串，如果是 15 位则全部由数字组成，首位不能为 0；如果是 18 位，则前 17 位全部是数字，首位不能为 0，末位可能是数字或 x。没有介绍分组之前，这样的正则表达式要写两个：一个是 15 位的"^[1-9]\d{14}\d

{2}$",另一个中 18 位的"^[1-9]\d{14}\d{2}[0-9x]$"。如果用一个正则表达式就要用到组,用分组表示的正则表达式就是"^[1-9]\d{14}(\d{2}[0-9x])? $",()表示分组,即将\d{2}[0-9x]分成一组,就可以整体约束其出现的次数为 0~1 次。

2. re 模块中正则表达式修饰符

re 模块中的正则表达式可以包含一些可选标志修饰符来控制匹配的模式。

修饰符被指定为一个可选的标志。多个标志可以通过按位 OR(|)来指定。如 re.I | re.M 被设置成 I 和 M 的标志,修饰符如表 6.3 所示。

表 6.3   re 模块中正则表达式的修饰符

修饰符	描　　述
re.I	使匹配对大小写不敏感
re.L	做本地化识别(locale-aware)匹配
re.M	多行匹配,影响 ^和 $
re.S	使"."匹配包括换行在内的所有字符
re.U	根据 Unicode 字符集解析字符。这个标志影响\w,\W,\b,\B
re.X	该标志通过给予更灵活的格式以便将正则表达式写得更易于理解

3. re 模块中的常用方法

1) re.findall 函数

作用:以列表的形式返回能全部匹配到的子串。

格式:

```
re.findall(pattern, string,flags)
```

pattern：匹配的正则表达式

string：匹配的字符串

flags：标志位,用于控制正则表达式的匹配方式,如是否区分大小写、多行匹配等。

示例:

```
import re
p=re.findall(r'\d+','one1two2three3four4',re.I)
print(p)
#输出结果为
['1','2','3','4']
```

2) re.search 函数

作用:扫描整个字符串并返回第一个成功的匹配。

格式:

```
re.search(pattern,string[,flags])
```

作用：匹配成功 re.search 方法返回一个匹配的对象，否则返回 None。

示例：

```
import re
print(re.search('www','www.hh.com'))
print(re.search('www','www.hh.com').span())
print(re.search('com','www.hh.com').span())
#输出结果为
<_sre.SRE_Match object; span=(0, 3), match='www'>
(0, 3)
(7, 10)
```

获取匹配对象的方法如表 6.4 所示。

表 6.4　获取匹配对象的方法

方　　法	匹 配 说 明
start()	返回匹配开始的位置
end()	返回匹配结束的位置
span()	返回一个元组包含匹配（开始，结束）的位置
group()	返回被 re 匹配的字符串
group(num＝0)	匹配的整个表达式的字符串，group() 可以一次输入多个组号，在这种情况下它将返回一个包含那些组所对应值的元组
groups()	返回一个包含所有小组字符串的元组，从 1 到所含的小组号

3）re.match 函数

作用：尝试从字符串的起始位置匹配一个模式，如果不是起始位置匹配成功，match() 则返回 None。

格式：

```
re.match(pattern, string, flags=0)
```

匹配成功 re.match 方法返回一个匹配的对象，否则返回 None。

说明：re.match 只匹配字符串的开始，如果字符串开始不符合正则表达式，则匹配失败，函数返回 None；re.search 匹配整个字符串，直到找到一个匹配。

示例：

```
import re
print(re.match('www','www.hh.com').span())      #在起始位置匹配
print(re.match('com','www.hh.com'))             #不在起始位置匹配
```

```
#输出结果为
(0,3)
None
```

4）re.sub 函数

作用：用于替换字符串中匹配到的选项。

格式：

```
re.sub(pattern, repl, string, count=0)
```

pattern：正则中的模式字符串。

repl：替换的字符串，也可为一个函数。

string：要被查找替换的原始字符串。

count：模式匹配后替换的最大次数，默认 0 表示替换所有的匹配。

示例：

```
import re
phone='135-4238-5642   #电话号码
#删除注释
num=re.sub('#.*$','',phone)
print(num)
#删除非字符
num=re.sub('\D','',phone)
print(num)
#输出结果为
135-4238-5642
13542385642
```

5）re.split 函数

格式：

```
re.split(pattern,string,maxsplit)
```

作用：按照能够匹配的子串将 string 分割后返回列表。maxsplit 用于指定最大分割次数，不指定将全部分割。

示例：

```
import re
p=re.split(r'\d+','one1two2three3four4')
print(p)
#输出结果为
['one','two','three','four','']
```

6) finditer 函数

作用：返回一个迭代器，所有的结果都在这个迭代器中，需要通过循环 group 的形式取值，能够节省内存。

示例：

```
import re
ret=re.finditer('\d', 'ds3sy4784a')   #finditer 返回一个存放匹配结果的迭代器
print(ret)                            #<callable_iterator object at 0x10195f940>
print(next(ret).group())             #查看第一个结果
print(next(ret).group())             #查看第二个结果
print([i.group() for i in ret])      #查看剩余的左右结果
```

7) sub/subn 函数

作用：替换，按照正则规则去寻找要被替换掉的内容，subn 返回元组，第二个值是替换的次数。

示例：

```
ret=re.subn('\d', 'H', 'eva3egon4yuan4')   #将数字替换成'H',返回元组(替换的结
                                           #果,替换了多少次)
print(ret)
```

8) compile 函数

作用：编译一个正则表达式，用这个结果去 search、match、findall、finditer 能够节省时间。

示例：

```
import re
obj=re.compile('\d{3}')          #将正则表达式编译成为一个正则表达式对象
ret=obj.search('abc123eeee')     #正则表达式对象调用 search,参数为待匹配的字符串
print(ret.group())
#输出结果为
123
```

6.2.7　json 和 pickle 模块

在 Python 中，可以使用 json 和 pickle 两个模块对数据进行序列化操作。其中，json 可以用于字典、列表、元组等数据与字符串之间的序列化与反序列化操作，pickle 可以用于 Python 数据类型与字节数据之间的序列化与反序列化操作。json 与 pickle 模块常用的方法有 dumps、loads、dump 与 load。

1. dumps 方法

使用 json.dumps 方法可以将字典等数据格式化成一个字符串，方便数据的存储与传

输。pickle.dumps 把数据序列化为 bytes 数据。见如下示例：

```
import json
dic1={"k1":"v1","k2":"v2"}
ser_str=json.dumps(dic1)        #对 dic1 序列化
print(ser_str,type(ser_str))
f=open("ser_str.txt","w")
f.write(ser_str)                      #把序列化数据写入文件
f.close()
#输出结果为
{"k1": "v1", "k2": "v2"} <class 'str'>
```

```
import pickle
dic1={"k1":"v1","k2":"v2"}
ser_bytes=pickle.dumps(dic1)        #对 dic1 序列化,序列后数据为 bytes
print(ser_bytes,type(ser_bytes))
f=open("ser_byte","wb")
f.write(ser_bytes)                      #把序列化字节数据写入文件
f.close()
#输出结果为
b'\x80\x03}q\x00(X\x02\x00\x00\x00k1q\x01X\x02\x00\x00\x00v1q\x02X\x02\x00\x00
\x00k2q\x03X\x02\x00\x00\x00v2q\x04u.' <class 'bytes'>
```

2. Loads 方法

使用 json.loads 方法可以将 json.dumps 的序列化数据进行反序列化。使用 pickle.loads 方法可以将 pickle.dumps 的序列化数据进行反序列化。见如下示例：

```
import json
dic1={"k1":"v1","k2":"v2"}
ser_str=json.dumps(dic1)          #对 dic1 序列化
print(ser_str,type(ser_str))
Deser_data=json.loads(ser_str)
print(Deser_data,type(Deser_data))
#输出结果如下,序列化把字典变为字符串,反序列化把字符串变为字典
{"k2": "v2", "k1": "v1"} <class 'str'>
{'k2': 'v2', 'k1': 'v1'} <class 'dict'>
```

```
import pickle
dic1={"k1":"v1","k2":"v2"}
ser_bytes=pickle.dumps(dic1)        #对 dic1 序列化,序列后数据为 bytes
print(ser_bytes,type(ser_bytes))
```

```
Deser_data=pickle.loads(ser_bytes)
print(Deser_data,type(Deser_data))
#输出结果如下,序列化把字典变为字节,反序列化把字节变为字典
b'\x80\x03}q\x00(X\x02\x00\x00\x00k2q\x01X\x02\x00\x00\x00v2q\x02X\x02\x00\
x00\x00k1q\x03X\x02\x00\x00\x00v1q\x04u.' <class 'bytes'>
{'k2': 'v2', 'k1': 'v1'} <class 'dict'>
```

3. dump 方法

dump 方法是把字典等数据类型序列化后存放在一个文件中,等待别的程序进行调用。见如下示例:

```
import json
dic1={"k1":"v1","k2":"v2"}
with open("f1","w") as f:
json.dump(dic1,f)          #此方法内部包含了write方法,所以向文件中写时不需要调用
```

4. load 方法

在 Python 中,可以使用 json.load 方法读取文件 f1 中的内容,此时反序列化的数据为序列化前的数据。见如下示例:

```
import json
with open("f1") as f:
res=json.load(f)
print(res,type(res))
#输出结果为
{'k1': 'v1', 'k2': 'v2'} <class 'dict'>
```

6.2.8　shelve 模块

shelves 模块主要是解决持久化保存数据的方法,将对象保存到文件里面,默认的数据存储文件是二进制的,主要用作简单的数据存储方案。shelve 模块比 pickle 模块简单,只有一个 open 函数,返回类似字典的对象,可读写。该对象的键必须为字符串,而值可以是 Python 支持的数据类型。见如下示例:

```
import shelve     #将内容从字典的形式存入文件
f=shelve.open(r'sheve.txt')
f['stu1_info']={'name':'egon','age':18,'hobby':['play','smoking','drinking']}
f['stu2_info']={'name':'gangdan','age':53}
f['school_info']={'website':'http://www.pypy.org','city':'beijing'}
```

```
print(f['stu1_info']['hobby'])
f.close()
#输出结果为
['play', 'smoking', 'drinking']
```

```
import shelve
d=shelve.open(r'a.txt')              #生成 3 个文件分别是 a.txt.bak\a.txt.dat\a.txt.dir
d['tom']={'age':18,'sex':'male'}     #存的时候会生成 3 个文件,是 Python 的一种处理机制
print(d['tom']['sex'])               #可以取出字典中的 key 对应的 value
print(d['tom'])                      #取出 tom 对应的字典
d.close()
#输出结果为
male
{'sex': 'male', 'age': 18}
```

```
import shelve
d=shelve.open(r'a.txt',writeback=True)   #writeback=True,对子字典修改完后要
                                         #写回,否则不会看到修改后的结果
d['egon']={'age':18,'sex':'male'}        #存的时候会生成 3 个文件,是 Python 的
                                         #一种处理机制
d['egon']['age']=20                      #将年龄修改为 20
print(d['egon']['age'])                  #此时拿到的是修改后的年龄
print(d['egon']['sex'])
#输出结果为
20
male
```

6.3 自定义模块与第三方模块

6.3.1 创建自定义模块

模块就是一个.py 文件,与创建 Python 文件的方法一样,下面示例就是创建 pages 模块。

```
import datetime
def date_time():
    return"日期与时间:"+datetime.datetime.now().strftime("%Y-%m-%d %H:%M:%S")
def home():
    print("welcome to home page")
```

```
    d_t=date_time()
    print(d_t)
def movie():
    print("welcome to movie page")
    d_t=date_time()
    print(d_t)
def tv():
    print("welcome to tv page")
    d_t=date_time()
    print(d_t)
```

编写完代码后,把该文件保存为 pages.py 文件。该文件就是一个模块,模块名为 pages。

现在再写一个 main.py 文件来调用该模块,main.py 的代码如下:

```
import pages        #导入自定义模块
pages.home()        #调用自定义模块中的 home 方法
pages.movie()       #调用自定义模块中的 movie 方法
pages.tv()          #调用自定义模块中的 tv 方法
```

6.3.2　导入自定义模块

导入自定义模块有 3 种方式: ①直接用 import 导入; ②通过 sys 模块导入自定义模块的 path; ③通过 path 文件找到自定义模块。

1. 直接用 import 导入

直接用 import 导入有一个前提,就是.py 执行文件和模块属于同一个目录(父级目录)下。上例中 main.py 和 pages 模块同在 Python 目录下,所以可以直接导入。

2. 通过 sys 模块导入自定义模块的 path

假如在 Python 文件夹下创建了一个 main 文件夹,同时在 Python 目录下创建了一个包 pwcong,把该包中的 __init__.py 文件中写了函数 hi,代码如下:

```
#pwcong 模块的 __init__.py
#- * -coding: utf-8 - * -
def hi():
    print("hi")
```

然后编写执行文件 main.py,把该文件保存在 main 文件夹中,代码如下:

```
#main.py
#- * -coding: utf-8 - * -
```

```
import pwcong
pwcong.hi()
```

文件保存的目录结构如图 6.2 所示。此时，直接用 import 导入 pwcong 是找不到自定义模块的，因为执行文件 main.py 在 main 目录下，而 pwcong 模块却在 Python 目录下。

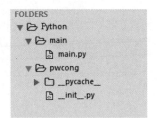

图 6.2　目录结构图

此时导入的步骤要分 3 步：①先导入 sys 模块；②通过 sys.path.append(path) 函数来导入自定义模块所在的目录；③导入自定义模块。

main.py 代码编写如下：

```
main.py
#-*-coding: utf-8 -*-
import sys
sys.path.append(r"C:\Users\Pwcong\Desktop\Python")
import pwcong
pwcong.hi()
```

此时，执行 main.py 文件，最终输出 hi。

3. 通过 path 文件找到自定义模块

这个方法原理就是利用了系统变量，Python 会扫描 path 变量的路径来导入模块，可以在系统 path 里面添加。此处推荐使用 path 文件添加。模块和执行文件目录结构与方法和通过 sys 模块导入自定义模块的 path 一样。

首先用记事本创建一个 module_pwcong.pth 文件，里面内容就是 pwcong 模块所在的目录 C:\Users\Pwcong\Desktop\Python，将该文件保存到 Python 目录的 Lib 目录下的 site-packages 中。目录结构如图 6.3 所示。

图 6.3　目录结构图

这样处理后,只要在 main.py 导入并使用自定义模块即可,此时的 main.py 文件代码如下:

```
# - * -coding: utf-8 - * -
import pwcong
pwcong.hi()
```

最后执行 main.py 文件,可以输出 hi,说明已成功导入。

6.3.3　使用第三方模块

除了内建的模块外,Python 还有大量的第三方模块。基本上,所有的第三方模块都会在 PyPI - the Python Package Index 上注册,只要找到对应的模块名字,即可用 easy_install 或者 pip 等安装工具安装。第三方模块的安装方法如下。

单文件模块的安装方法:直接把文件复制到 $ python_dir/Lib 中即可。

多文件模块的安装方法:由于多文件模块带 setup.py 文件,安装过程是下载模块包进行解压,进入模块文件夹,执行 python setup.py install 命令即可。

easy_install 方式安装方法:先下载 ez_setup.py,运行 python ez_setup 进行 easy_install 工具的安装。这样就可以使用 easy_install 安装 package。安装命令是 easy_install packageName。

pip 安装方法:先进行 pip 工具的安装,即 easy_install pip(pip 可以通过 easy_install 安装,而且也会安装到 Scripts 文件夹下)。如果是安装模块就使用 pip install packageName;如果是更新模块就使用 pip install -U PackageName;如果是移除模块就使用 pip uninstall PackageName;如果是搜索模块就使用 pip search packageName。如果安装好第三方模块后,只要导入该模块就可以使用了。

6.4　应用案例

需求:模拟实现一个 ATM＋购物商城程序。

6.4.1　功能定义与程序流程

该程序具有的功能如下。
(1)定义信用卡额度。
(2)实现购物商城,买商品加入购物车,能调用信用卡接口完成支付。
(3)信用卡可以提现,提现的手续费为 5％。
(4)程序支持多账户登录。
(5)程序支持账户间转账。

（6）系统能记录每月日常消费流水。

（7）程序提供还款接口。

（8）程序能生成 ATM 记录操作日志。

（9）提供管理接口，包括添加账户、用户额度、冻结账户等。

（10）程序提供用户认证，认证采用装饰器实现。

程序流程如图 6.4 所示。

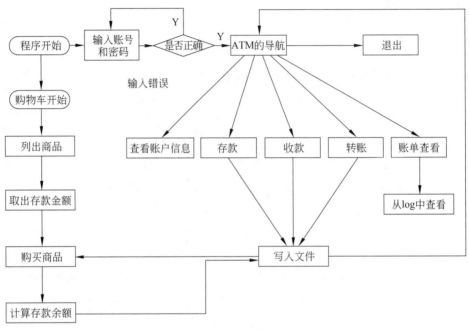

图 6.4　程序流程图

说明：运行执行程序，输入正确用户名和密码，系统列出 ATM 机功能（还款、取款、转账、查看等）。购物是一个独立的程序，调用 ATM 功能还款金额，购物结束后把剩余的金额再写入文件中，存入信用卡中。

6.4.2　目录结构定义规范

在用 Python 做项目开发时，为了提高项目的可读性与可维护性，设计一个层次清晰的目录结构非常重要，可读性高是指能让不熟悉这个项目代码的人，一看目录结构，就知道程序启动脚本是哪个.py 文件，测试目录是什么目录，配置文件在哪个目录等，从而能快速地了解这个项目；可维护性高是指定义好目录结构后，维护人员就能很明确地知道新增的文件和代码应该放在什么目录下。这样，随着项目使用与维护时间的推移，虽然代码/配置的规模增加，但项目结构仍然很规范。

假设开发本项目的名称为 ATMshopping，项目的结构如下：

```
ATMshopping
    ├───── README                        #应用帮助文件
    ├───── ATM #ATM 主程目录
    │   ├─── __init__.py
    │   ├─── bin                         #ATM 执行文件所在目录
    │   │   ├─── __init__.py
    │   │   ├─── atm.py                  #ATM 执行程序
    │   ├─── conf                        #配置文件
    │   │   ├─── __init__.py
    │   │   └─── settings.py             #配置文件
    │   ├─── core                        #主要程序逻辑都放在该目录中
    │   │   ├─── __init__.py
    │   │   ├─── accounts.py             #从文件里加载和存储账户数据模块
    │   │   ├─── auth.py                 #用户认证模块
    │   │   ├─── db_handle.py            #处理数据库的交互模块
    │   │   ├─── log.py                  #日志生成模块
    │   │   ├─── main.py                 #主逻辑交互模块
    │   │   └─── transaction.py          #交易模块
    │   ├─── db                          #用户数据存储目录
    │   │   ├─── __init__.py
    │   │   └─── accounts                #存放用户账户数据，一个用户一个文件
    │   │       └─── zcl.json            #一个用户账户示例文件
    │   └─── log                         #日志目录
    │       ├─── __init__.py
    │       ├─── access.log             #用户访问和操作的相关日志
    │       └─── transactions.log       #所有的交易日志
    └─── shopping                        #电子商城程序
        ├─── shopping_mol.py             #购物商城的程序
        └─── __init__.py
```

6.4.3　功能模块实现

本程序有 6 个模块，实现了购物和 ATM 的取款、还款、转账、账单查看和用户管理的功能。

1. 用户认证模块 auth.py

```
1  import os
2  import json
3  import time
4
5  from core import db_handle
```

```
6   from conf import settings
7   def access_auth(account,password,log_obj):
8       """
9       下面的 access_login 调用 access_auth 方法,用于登录
10      :param acount: 用户名
11      :param password: 密码
12      :return:如果未超期,返回字典,超期则打印相应提示
13      """
14      db_path=db_handle.handle(settings.DATABASE)
                                #调用 db_handle 下的 handle 方法,返回路径/db/accounts
15      print(db_path)
16      account_file="%s/%s.json"%(db_path,account)#用户文件
17      print(account_file)
18      if os.path.isfile(account_file):                #如果用户文件存在(即用户存在)
19          with open(account_file,"r",encoding="utf-8") as f:   #打开文件
20              account_data=json.load(f)                #file_data 为字典形式
21              print(account_data)
22              if account_data["password"]==password:
23                  expire_time=time.mktime(time.strptime(account_data
    ["expire_date"],"%Y-%m-%d"))
24                  #print(expire_time)
25                  #print(time.strptime(account_data["expire_date"],"%Y-%m
    -%d"))
26                  if time.time()>expire_time:       #如果信用卡已超期
27                      log_obj.error("Account [%s] had expired,Please contract
    the bank" %account)
28                      print("Account %s had expired,Please contract the
    bank"%account)
29                  else:                              #信用卡未超期,返回用户数据的字典
30                                                     #print("return")
31                      log_obj.info("Account [%s] logging success" %account)
32                      return account_data
33              else:
34                  log_obj.error("Account or Passworddoes not correct!")
35                  print("Account or Passworddoes not correct!")
36      else:                                          #用户不存在
37          log_obj.error("Account [%s] does not exist!" %account)
38          print("Account [%s] does not exist!"%account)
39
40
41  def access_login(user_data,log_obj):
42      """
43      用户登录,当登录失败超过 3 次则退出
```

```
44      :param user_data: main.py 里面的字典
45      :return:若用户账号密码正确且信用卡未超期,返回用户数据的字典
46      """
47      retry=0
48      while not user_data["is_authenticated"] and retry<3:
49          account=input("Account:").strip()
50          password=input("Password:").strip()        #用户账号密码正确且信用卡未
                                                        #超期,返回用户数据的字典
51          user_auth_data=access_auth(account,password,log_obj)
52          if user_auth_data:
53              user_data["is_authenticated"]=True  #用户认证为 True
54              user_data["account_id"]=account        #用户账号 ID 为账号名
55              print("welcome %s"%account)
56              return user_auth_data
57          retry+=1
58      else:
59          print("Account [%s] try logging too many times…" %account)
60          log_obj.error("Account [%s] try logging too many times…" %account)
61          exit()
```

2. ATM 执行程序的文件 atm.py

```
1   #ATM 程序的执行文件
2   import os
3   import sys
4
5   dir=os.path.dirname(os.path.dirname(os.path.abspath(__file__)))
                                                                        #找到路径
6   sys.path.insert(0,dir)                                              #添加路径
7
8
9   print(dir)
10  print(sys.path)
11
12  #将 main.py 里面的所有代码封装成 main 变量
13  from core import main
14
15  if __name__=='__main__':
16      main.run()
```

3. 从文件里加载和存储账户数据模块 accounts.py

```
1   """
2   用于处理用户信息的 load 或 dump
3   每进行一个操作就将信息更新到数据库
4   """
5   from core import db_handle
6   from conf import settings
7   import json
8
9   def load_account(account_id):
10      """
11      将用户信息从文件中 load 出来
12      :return: 用户信息的字典
13      """
14      #返回路径   ATM/db/accounts
15      db_path=db_handle.handle(settings.DATABASE)
16      account_file="%s/%s.json" % (db_path, account_id)
17      with open(account_file, "r", encoding="utf-8") as f:
18          account_data=  json.load(f)
19          return account_data
20
21
22  def dump_account(account_data):
23      """
24      将已更改的用户信息更新到用户文件
25      :param account_data: 每操作后用户的信息
26      :return:
27      """
28      db_path=db_handle.handle(settings.DATABASE)
29      account_file="%s/%s.json" % (db_path, account_data["id"])
30      with open(account_file, "w+", encoding="utf-8") as f:
31          json.dump(account_data, f)
32
33      print("dump success")
```

4. 处理与数据库的交互模块 db_handle.py

```
1   #处理与数据库的交互,若是 file_db_storage,返回路径
2
3   def file_db_handle(database):
4       """
```

```
5        数据存在文件
6        :param database:
7        :return: 返回路径   ATM1/db/accounts
8        """
9        db_path="%s/%s"%(database["path"],database["name"])
10       #print(db_path)
11       return db_path
12
13 def mysql_db_handle(database):
14       """
15       处理 MySQL 数据库,这里用文件来存数据
16       保留这个方法主要为了程序拓展性
17       :return:
18       """
19       pass
20
21 def handle(database):
22       """
23       本程序用的是文件处理 file_storage
24       :param database: settings 里面的 database
25       :return: 返回路径
26       """
27       if database["db_tool"]=="file_storage":
28           return file_db_handle(database)
29       if database["db_tool"]=="mysql":
30           return mysql_db_handle(database)
```

5. 日志生成模块 log.py

```
1   import logging
2   from conf import settings
3   from core import db_handle
4
5   def log(logging_type):
6       """
7       main 模块调用 access_logger=log.log("access")
8       :param logging_type: "access"
9       return: 返回 logger 日志对象
10      """
11      logger=logging.getLogger(logging_type)        #传日志用例,生成日志对象
12      logger.setLevel(settings.LOGIN_LEVEL)         #设置日志级别
13
```

```
14    ch=logging.StreamHandler()      #日志打印到屏幕,获取对象
15    ch.setLevel(settings.LOGIN_LEVEL)
16
17    #获取文件日志对象及日志文件
18    log_file="%s/log/%s"%(settings.BASE_DIR,settings.LOGIN_TYPE[logging_
type])
19    fh=logging.FileHandler(log_file)
20    fh.setLevel(settings.LOGIN_LEVEL)
21
22    #日志格式
23    formatter=logging.Formatter("%(asctime)s-%(name)s-%(levelname)s-%
(message)s")
24
25    #输出格式
26    ch.setFormatter(formatter)
27    fh.setFormatter(formatter)
28
29    #把日志打印到指定的 Handler
30    logger.addHandler(ch)
31    logger.addHandler(fh)
32
33    return logger                    #log 方法返回 logger 对象
```

6. 交易模块 transaction.py

```
1    """
2    交易模块,处理用户金额移动
3    """
4    from conf import settings
5    from core import account
6    from core import log
7
8    def make_transaction(account_data,transcation_type,amount,log_obj,**
kwargs):
9        """
10       处理用户的交易
11       :param account_data:字典,用户的账户信息
12       :param transaction_type:用户交易类型,repay or withdraw...
13       :param amount:交易金额
14       :return:用户交易后账户的信息
15       """
```

```
16        amount=float(amount)                          #将字符串类型转换为float类型
17        if transcation_type in settings.TRANSACTION_TYPE:
18          interest=amount * settings.TRANSACTION_TYPE[transcation_type]["
interest"]                                            #利息计算
19          old_balace=account_data["balance"] #用户原金额
20          print(interest,old_balace)
21          #如果账户金额变化方式是"plus",加钱
22          if settings.TRANSACTION_TYPE[transcation_type]["action"]=="plus":
23              new_balance=old_balace+amount+interest
24              log_obj.info("Your account repay%s,your account new balance is %
s"%(amount,new_balance))
25              #如果账户金额变化方式是"minus",减钱
26          elif settings.TRANSACTION_TYPE[transcation_type]["action"]=="
minus":
27              new_balance=old_balace-amount-interest
28              log_obj.info("Your account withdraw%s,your account new balance
is %s" %(amount, new_balance))
29              if new_balance< 0:
30                  print("Your Credit [%s] is not enough for transaction [-%s], "
31                      "and Now your current balance is [%s]" %(account_data
["credit"], (amount+interest), old_balace))
32                  return
33          account_data["balance"]=new_balance
34          account.dump_account(account_data) #调用core下account模块将已更改
                                              #的用户信息更新到用户文件
35          return account_data
36      else:
37          print("Transaction is not exist!")
```

7. 主逻辑交互模块 main.py

```
1  """
2  主逻辑交互模块
3  """
4  from core import auth
5  from core import log
6  from core import transaction
7  from core import account
8  from conf import settings
9  from core import db_handle
10
11 import os
```

```
12
13
14 #用户数据信息
15 user_data={
16     'account_id':None,                    #账号 ID
17     'is_authenticated':False,             #是否认证
18     'account_data':None                   #账号数据
19
20 }
21
22 #调用 log 文件下的 log 方法,返回日志对象
23 access_logger=log.log("access")
24 transaction_logger=log.log("transaction")
25
26
27
28 def account_info(access_data):
29     """
30     access_data:包括 ID,is_authenticaed,用户账号信息
31     查看用户账户信息
32     :return:
33     """
34     print(access_data)
35
36
37
38
39 def repay(access_data):
40     """
41     access_data:包括 ID,is_authenticaed,用户账号信息
42     还款
43     :return:
44     """
45     print(access_data)
46     print("repay")
47     #调用 account 模块的 load_account 方法,从数据库 load 出用户信息
48     account_data=account.load_account(access_data["account_id"])
49     print(account_data)
50     current_balance="""
51     --------------BALANCE INFO--------------
52     Credit:%s
53     Balance:%s
54     """ % (account_data["credit"], account_data["balance"])
```

```
55      back_flag=False
56      while not back_flag:
57          print(current_balance)
58          repay_amount=input("\033[31;1mInput repay amount(b=back):\033
[0m").strip()
59          #如果用户输入整型数字
60          if len(repay_amount)>0 and repay_amount.isdigit():
61              #调用 transaction 模块的方法,参数分别是用户账户信息、交易类型、交易
                #金额
62              new_account_data=transaction.make_transaction(account_data,
"repay",repay_amount,transaction_logger)
63              if new_account_data:
64                  print("\033[42;1mNew Balance:%s\033[0m" % new_account_data
["balance"])
65
66          else:
67              print("\033[31;1m%s is not valid amount,Only accept interger!\
033[0m" % repay_amount)
68
69          if repay_amount=="b" or repay_amount=="back":
70              back_flag=True
71
72  def withdraw(access_data):
73      """
74      取款
75      :return:
76      """
77      print(access_data)
78      print("withdraw")
79      #调用 account 模块的 load_account 方法,从数据库从 load 出用户信息
80      account_data=account.load_account(access_data["account_id"])
81      print(account_data)
82      current_balance="""
83          -------------BALANCE INFO--------------
84      Credit:%s
85      Balance:%s
86      """ % (account_data["credit"], account_data["balance"])
87      back_flag=False
88      while not back_flag:
89          print(current_balance)
90          withdraw_amount=input("\033[31;1mInput withdraw amount(b=back):\
033[0m").strip()
91          #如果用户输入整型数字
```

```
92            if len(withdraw_amount)>0 and withdraw_amount.isdigit():
93                #调用 transaction 模块的方法,参数分别是用户账户信息、交易类型、交易
                  #金额
94                new_account_data=transaction.make_transaction(account_data,
"withdraw", withdraw_amount,transaction_logger)
95                if new_account_data:
96                    print("\033[42;1mNew Balance:%s\033[0m" % new_account_data["
balance"])
97
98            else:
99                print("\033[31;1m%s is not valid amount,Only accept interger!
\033[0m" % withdraw_amount)
100
101        if withdraw_amount=="b" or withdraw_amount=="back":
102            back_flag=True
103
104
105 def transfer(access_data):
106     """
107     转账
108     :return:
109     """
110     print(access_data)
111     print("transfer")
112     #调用 account 模块的 load_account 方法,从数据库从 load 出用户信息
113     account_data=account.load_account(access_data["account_id"])
114     print(account_data)
115     current_balance="""
116             --------------BALANCE INFO--------------
117         Credit:%s
118         Balance:%s
119         """ % (account_data["credit"], account_data["balance"])
120     back_flag=False
121     while not back_flag:
122         print(current_balance)
123         transfer_amount=input("\033[31;1mInput transfer amount(b=back):\
033[0m").strip()
124         #如果用户输入整型数字
125         if len(transfer_amount)>0 and transfer_amount.isdigit():
126             #调用 transaction 模块的方法,参数分别是用户账户信息、交易类型、交易
                  #金额
127             new_account_data=transaction.make_transaction(account_data, "
transfer", transfer_amount,transaction_logger)
```

```
128              if new_account_data:
129                  print("\033[42;1mNew Balance:%s\033[0m" %new_account_data
["balance"])
130              new_account_data2=transaction.make_transaction(account_data,
"repay", new_account_data["balance"],transaction_logger)
131              if new_account_data2:
132                  print("\033[42;1mNew Balance2:%s\033[0m" %new_account_
data2["balance"])
133
134         else:
135             print("\033[31;1m%s is not valid amount,Only accept interger!\
033[0m" %transfer_amount)
136
137         if transfer_amount=="b" or transfer_amount=="back":
138             back_flag=True
139
140
141 def paycheck(access_data):
142     """
143     账单查看
144     :return:
145     """
146
147     time=input("please input time(Y-M-D):")
148     log_file="%s/log/%s" % (settings.BASE_DIR, settings.LOGIN_TYPE["
transaction"])
149     print(log_file)
150     with open(log_file,"r",encoding="utf-8") as f:
151         for i in f.readlines():
152             if time==i[0:10]:
153                 print(i)
154             elif time==i[0:7]:
155                 print(i)
156             elif time==i[0:4]:
157                 print(i)
158
159
160
161
162 def logout(access_data):
163     """
164     退出登录
165     :return:
```

```
166        """
167        q=input("If you want to quit,please input q:")
168        if q=="q":
169            exit()
170
171
172 def interactive(access_data,* * kwargs):
173        """
174        用户交互
175        :return:
176        """
177        msg=(
178            """
179            -------------ZhangChengLiang Bank----------------
180            \033[31;1m
181            1.  账户信息
182            2.  存款
183            3.  取款
184            4.  转账
185            5.  账单
186            6.  退出
187            \033[0m"""
188        )
189        menu_dic={
190            "1":account_info,
191            "2":repay,
192            "3":withdraw,
193            "4":transfer,
194            "5":paycheck,
195            "6":logout
196        }
197        flag=False
198        while not flag:
199            print(msg)
200            choice=input("<<<:").strip()
201            if choice in menu_dic:
202                #很重要!!省了很多代码,不用像之前一个一个判断!
203                menu_dic[choice](access_data)
204
205            else:
206                print("\033[31;1mYou choice doesn't exist!\033[0m")
207
208
```

```
209
210 def run():
211     """
212     当程序启动时调用,用于实现主要交互逻辑
213     :return:
214     """
215     #调用认证模块,返回用户文件json.load后的字典,传入access_logger日志对象
216     access_data=auth.access_login(user_data, access_logger)
217     print("AA")
218     if user_data["is_authenticated"]:          #如果用户认证成功
219         print("has authenticated")
220         #将用户文件的字典赋给user_data["account_data"]
221         user_data["account_data"]=access_data
222         interactive(user_data)                 #用户交互开始
```

8. 一个用户账户示例文件 zcl.json

{"status": 0, "expire_date": "2021-01-01", "credit": 15000, "pay_day": 22, "balance": 13650, "enroll_date": "2016-01-02", "id": 22, "password": "abc"}

9. 配置文件 settings.py

```
1  #配置文件
2  import logging
3  import os
4
5  BASE_DIR=os.path.dirname(os.path.dirname(os.path.abspath(__file__)))
                                                        #找到路径
6
7  LOGIN_LEVEL=logging.INFO                 #定义日志的记录级别
8
9  DATABASE={
10     "db_tool":"file_storage",            #文件存储,这里可拓展成数据库形式的
11     "name":"accounts",                   #db下的文件名
12     "path":"%s/db"%BASE_DIR
13 }
14 #print(DATABASE)
15 #日志类型
16 LOGIN_TYPE={
17     "access":"access.log",
18     "transaction":"transaction.log"
19 }
```

```
20
21 #用户交易类型,每个类型对应一个字典,包括账户金额变动方式、利息
22 TRANSACTION_TYPE={
23     "repay":{"action":"plus","interest":0},
24     "withdraw":{"action":"minus","interest":0.05},
25     "transfer":{"action":"minus","interest":0}
26 }
```

10. 购物商城的程序 shopping_mol.py

```
1  import os,json
2
3  dir=os.path.dirname(os.path.dirname(os.path.abspath(__file__)))
4  print(dir)
5  file="%s/ATM/db/accounts/zcl.json"%dir
6  print(file)
7  with open(file, "r", encoding="utf-8") as f:
8      account_data=json.load(f)
9      print(account_data)
10
11
12
13 product_list=[
14     ("Apple Iphone",6000),
15     ("Apple Watch",4600),
16     ("Books",600),
17     ("Bike",750),
18     ("cups",120),
19     ("Apple",50),
20     ("banana",60),
21 ]
22 shopping_list=[ ]
23 salary=account_data["balance"]
24
25 while True:
26     for index,item in enumerate(product_list):
27         print (index,item)
28     user_choice=input ("Enter the serial number:")
29     if user_choice.isdigit():
30         user_choice=int (user_choice)
31         if user_choice <len (product_list) and user_choice >=0:
32             p_item=product_list[user_choice]
```

```
33              if p_item[1] <=salary:
34                  shopping_list.append(p_item)
35                  salary -=p_item[1]
36                  with open(file,"w+",encoding="utf-8") as f:
37                      account_data["balance"]=salary
38                      print(account_data)
39                      json.dump(account_data,f)
40                  print ("Added %s into your shopping cart,your current
balance is %s"%(p_item,salary))
41              else:
42                  print ("Your balance is not enough!!")
43          else:
44              print ("The goods you entered do not exist")
45
46      elif user_choice=="q":
47          print ("====shopping list====")
48          for p in shopping_list:
49              print (p)
50          print ("Your current balance is %s"%salary)
51          exit()
52      else:
53          print ("invalid option")
```

6.5 小　　结

本章介绍了 Python 中模块的相关知识,模块是能够单独命名且能独立地完成一定功能的程序语句的集合。在 Python 中,可以使用内置的标准库模块、自定义模块与第三方模块 3 类。

Python 内置了许多非常有用的模块,用户无须额外安装和配置,即可直接使用。

time 和 datetime 都属于时间模块,主要用于时间的获取与时间格式的处理。

random 模块提供了许多方法生成随机数。

sys 模块用于提供对解释器相关的操作。

hashlib 模块提供了常见的摘要算法,如 md5,sha1 等。摘要函数是一个单向函数,通过 digest 反推 data 却非常困难。注意摘要算法不是加密算法,只能用于防篡改,但是它的单向计算特性决定了可以在不存储明文口令的情况下验证用户口令。

configparser 模块用来读取配置文件,对配置文件进行增加、删除、查询、修改操作。

re 模块提供各种正则表达式的匹配操作,json 和 pickle 模块用于对数据进行序列化操作。

shelve 模块主要是解决持久化保存数据的方法,将内存数据通过文件方式持久化保存。

  Python 的特点就是拥有庞大的模块库,认真学习模块,有利于提高编程效率。希望读者根据自己编程的主要应用主动选择一些模块学习,掌握模块中提供的方法,且能正确使用。

6.6 练 习 题

1. 填空题

  (1) Python 安装扩展库常用的是_____工具。

  (2) 可以使用内置函数_____查看包含当前作用域内所有全局变量和值的字典。

  (3) 可以使用内置函数_____查看包含当前作用域内所有局部变量和值的字典。

  (4) 关键字_____用于测试一个对象是不是一个可迭代对象的元素。

  (5) 使用列表生成器可得到 100 以内所有能被 13 整除的数的代码可以写作_____。

  (6) 表达式 isinstance('abcdefg', str)的值为_____。

  (7) 表达式 isinstance(3, object)的值为_____。

  (8) 假设 re 模块已导入,表达式 re.findall('(\d)\1+', '33abcd112')的值为_____。

  (9) 代码 print(re.match('abc', 'defg'))的输出结果为_____。

  (10) 代码 print(re.match('^[a-zA-Z]+$','abcDEFG000'))的输出结果为_____。

  (11) 假设正则表达式 re 模块已导入,表达式 re.sub('\d+', '1', 'a12345bbbb67c890d0e')的值为_____。

  (12) Python 标准库 random 模块中的_____方法的作用是从序列中随机选择 1 个元素。

  (13) x=[[1,3,3], [2,3,1]],表达式 sorted(x, key=lambda item:(item[1], -item[2]))的值为_____。

  (14) 已知函数定义 def demo(x, y, op): return eval(str(x)+op+str(y)),表达式 demo(3, 5, '+')的值为_____。

2. 判断题

  (1) 正则表达式 re 模块的 match()方法是从字符串的开始匹配特定模式,而 search()方法是在整个字符串中寻找模式,这两个方法如果匹配成功则返回 match 对象,匹配失败则返回 None。   ( )

  (2) 函数是代码复用的一种方式。   ( )

  (3) 定义函数时,即使该函数不需要接收任何参数,也必须保留一对空的圆括号来表示这是一个函数。   ( )

（4）编写函数时，一般建议先对参数进行合法性检查，然后再编写正常的功能代码。

           （　　）

（5）一个函数如果带有默认值参数，那么必须所有参数都设置默认值。　（　　）

（6）定义 Python 函数时，必须指定函数返回值类型。　　　　　　　（　　）

（7）定义 Python 函数时，如果函数中没有 return 语句，则默认返回 None。（　　）

（8）函数中必须包含 return 语句。　　　　　　　　　　　　　　　（　　）

（9）不同作用域中的同名变量之间互相不影响，即在不同的作用域内可以定义同名的变量。　　　　　　　　　　　　　　　　　　　　　　　　　　　（　　）

（10）全局变量会增加不同函数之间的隐式耦合度，从而降低代码可读性，因此应尽量避免过多使用全局变量。　　　　　　　　　　　　　　　　　　　　（　　）

（11）函数内部定义的局部变量当函数调用结束后被自动删除。　　　（　　）

（12）在函数内部，既可以使用 global 来声明使用外部全局变量，也可以使用 global 直接定义全局变量。　　　　　　　　　　　　　　　　　　　　　　　（　　）

（13）在函数内部没有办法定义全局变量。　　　　　　　　　　　　（　　）

3. 编程题

（1）请编写一个程序生成如下配置文件，文件名为 connection.ini，且输出配置文件的各项配置参数。

```
[connection]
IpServer=127.0.0.1
DataBase=DB_TEST
UserID=test
Password=123456
```

（2）编写一个用户登录系统的程序，登录时要求输入用户名与密码，用户名与密码放在一个磁盘文件中，存在文件中的用户名与密码以密文方式保存。

（3）编写一个能验证手机号码的程序。

第7章

面向对象编程

导读

Python 一经问世，就是面向过程和面向对象的程序设计语言。面向对象（object oriented，OO）是一种以事物为中心的编程思想。面向对象程序设计（object-oriented programming，OOP）是一种程序开发的方法，它将对象作为程序的基本单元，将程序和数据封装在其中，以提高软件的重用性、灵活性和扩展性。本章介绍面向对象编程的相关知识，主要包括面向对象编程的基础知识、创建类、面向对象的三大特征、类的成员以及反射与单例模式等内容。

7.1 面向对象编程的基础知识

为了更好地理解面向对象编程的思想与方法，在此，首先对面向对象编程中类与对象的概念与面向对象的基本特征进行简单介绍，作为对知识的回顾与总结。

7.1.1 类与对象

人类从诞生开始就不断地接触到各种各样存在的事物，且通过事物的公共特性将事物归类，如鸟类、车类、书籍类等。人们在现实生活中通过具体事物归纳总结它们的公共特性而产生类。类描述了该类事物的公共属性与行为，相当于造事物的图纸，人们可以根据图纸制作出具体的实体事物。在程序设计语言中，类是将一类具体事物的数据和行为整合在一起进行描述，例如，人有名字、性别、年龄等公共属性，人有说话、走路、吃东西的公共行为，将名字、性别、年龄等公共属性以及说话、走路、吃东西的公共行为进行统一描述就是一个类，然后以该类创建具体的人对象。对象是指现实生活中存在的一个具体的事物，例如，一本书是一个对象，一个具体的人是一个对象，一辆车也是一个对象，可以说，世间万物皆为对象，对象是有具体属性值与具体方法的个体，如姓名为张三、性别为"女"的人，一辆颜色为黑色、轮子数为 4 的比亚迪小车。在程序设计语言中，对象是通过类来创建的，类创建的对象具有类定义的属性与方法。人类认识世界的过程是从对象到类的抽象与归纳过程，也就是由具体到抽象的过程，在程序设计语言中是采用先定义类，再以类来创建对象的过程。

7.1.2　面向对象的特征

面向对象有封装、继承、多态与抽象四大基本特征。

1. 封装

封装是把方法和数据包藏起来,使得数据的访问只能使用自己定义的接口,保证对象被访问的隐秘性和可靠性。封装是保证软件部件具有优良的模块性的基本技术,封装的目标就是要实现软件部件的"高内聚、低耦合",防止程序相互依赖而带来的影响。

在面向对象的编程语言中,对象是封装的最基本单位,面向对象的封装比传统语言的封装更为清晰、有力。面向对象的封装就是把描述一个对象的属性和行为的代码封装在一个类中,属性用变量定义,行为用方法定义,方法可以直接访问同一个对象中的属性。通常情况下,只要把变量和访问这个变量的方法放在一起,将一个类中的成员变量全部定义成私有成员,然后通过类自己的方法去访问这些成员变量,就实现了对象的封装。

2. 继承

继承性是类的一种层次模型,该模型提供了一种明确表述事物共性的方法,对象的新类可以从现有类中继承派生,类也可以从它的基类中继承方法和实例变量,而且派生的类可以修改或者增加新的方法与属性使之合适特殊的需要。在定义和实现一个类的时候,可以在一个已经存在类的基础上进行,把这个已经存在类所定义的内容作为新类的内容,并加入若干新的属性。继承是子类共享父类数据和方法的一种机制。继承是类之间的一种关系,能提高软件的可重用性和可扩展性。

3. 多态

多态性是对象在不同时刻表现出来的多种形态,是一种编译时期状态和运行时期状态的不一致的现象。在程序设计语言中,多态是指程序中定义的引用变量所指向的具体类型和通过该引用变量发出的方法调用在编程时并不确定,而是在程序运行期间才确定,即一个引用变量会指向哪个类的实例对象,该引用变量发出的方法调用的是哪个类中实现的方法,必须在程序运行期间才能决定。因为在程序运行时才确定具体的类,这样不用修改源程序代码,就可以让引用变量绑定到各种不同的类的实现上,从而导致该引用调用的具体方法随之改变,即不修改程序代码就可以改变程序运行时所绑定的具体代码,让程序可以选择多个运行状态,这就是多态性。多态性增强了软件的灵活性和扩展性。

4. 抽象

抽象性就是找出一些事物的相似和共性之处,然后将这些事物归为一个类,这个类只考虑这些事物的相似和共性之处,并且会忽略与当前主题和目标无关的方面,将注意力集中在与当前目标有关的方面。例如,看到一只蚂蚁和大象,能够想象出它们的相同之处,那就是抽象。抽象包括行为抽象和状态抽象两方面。例如,定义人类,人本来是很复杂的,有很多方面,但因为当前系统只需要了解人的姓名和年龄,所以定义人类时只包含姓名和年龄这两个属性,这就是一种抽象,使用抽象可以避免考虑一些与目标无关的细节。

7.2 创 建 类

7.2.1 类的定义与实例化

类(class)是用来描述具有相同属性和方法的对象集合,它定义了该集合中每个对象所共有的属性与方法,对象是类的实例。类变量在实例中是公用的,它定义在类中且在函数体之外。类变量通常不作为实例变量使用。类定义的语法格式:

```
class ClassName:
    类中的变量
    类中的方法
```

在 Python 3 中,所有类的顶层父类都是 object 类,与 java 类似。如果定义类的时候没有写出父类,则 object 类就是其直接父类。在此,定义一个简单的 student 类。

```
class Student:
    name='小王'                #name 为属性
    age=18                     #age 为属性

    def print_message(self):   #print_message 为类方法
        print("我是小王,我今年 18 岁")
```

接下来将这个类实例化:

```
class student:
    name='小王'                          #name 为属性
    age=18                               #age 为属性

    def print_message(self):             #print_message 为类方法
        print("我是小王,我今年 18 岁")
if __name__=='__main__':
    student1=student()                   #实例化 student1
    print(student1.name,student1.age)    #获得对象的属性值
    student1.print_message()             #调用对象的方法
    student1.sex="男"                    #为对象添加属性
    print(student1.sex)
    #输出结果为
```

```
小王 18
我是小王,我今年 18 岁
男
```

注意：self 是定义类中方法时必须带的参数,调用该方法时,该参数不是由编程人员传入的。self 到底是什么? 见下面程序的输出。

```
class student:
    name='小王'                              #name 为属性
    age=18                                  #age 为属性

    def print_message(self):                #print_message 为类方法
        print(self)                         #此处为 main 线程中的 student 对象
        print("我是小王,我今年 18 岁")

if __name__=='__main__':
    student1=student()                      #实例化 student1
    student2=student()                      #实例化 student2
    print(student1.name,student1.age)       #获得对象的属性值
    print(student2.name,student2.age)
    student1.print_message()                #调用对象的方法
    student2.print_message()                #调用对象的方法
#输出结果为
小王 18
小王 18
<__main__.student object at 0x00000185DB4AB748>
我是小王,我今年 18 岁
<__main__.student object at 0x00000185DB4B4278>
我是小王,我今年 18 岁
```

从上面的输出可以看出,self 是调用 print_message 方法时的调用者对象。student1. print_message()的调用者对象是 student1,self 就是 student1 对象,student2.print_ message()的调用者对象是 student2,self 就是 student2 对象。

下面是一个带参数的方法例子:

```
class student:
    def print_message(self,arg):                    #print_message 为类方法
        print(self,self.name,self.age,self.gender,arg)

if __name__=='__main__':
    student1=student()
    student1.name="张三"
    student.age=18
    student.gender="男"
```

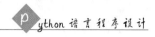
```
    student1.print_message("我是一个学生")        #只传了 arg 参数,对象的属性就封
                                                  #装在对象中
#输出结果为
<__main__.student object at 0x00000196CA574278>张三 18 男 我是一个学生
```

student1.print_message("我是一个学生")该调用方法把"我是一个学生"参数传给了 arg,studnt1 对象的属性传替是通过 student1 对象整体传给了 self,此时的 self 就是 student1 对象,self. name、self. age、self. gender 就是 student1. name、student1. age、student1.gender。

在上述类中的 print_message(self)被称为类方法。类方法与普通的函数有一个特殊的区别,类方法必须有一个额外的第一个参数名称,该参数习惯用 self。Self 代表的是类的实例,代表当前对象的地址,而 self.class 则指向类。但 self 不是 Python 关键字,把 self 换成其他名字也是可以执行的。下面示例把 self 换成了 me。

```
class student:
    def print_message(me):          #print_message 为类方法
        print(me)
        #print(self._class_)


if __name__=='__main__':
    student1=student()
    student1.print_message()
#输出结果为
<__main__.student object at 0x000001DCE5D6B828>
```

从上面的程序可以看出,类方法必须有一个参数来接收调用者对象,且必须是第一个参数。

7.2.2 构造函数

构造函数用于初始化类的内部状态,Python 提供的构造函数式 __init__()。如果类中定义了这样的构造函数,当该类被实例化时就会执行该函数。通常该函数中进行类的初始属性的设置。

注意:如果类内部没有写构造函数,Python 会为类添加一个默认的 __init__ 方法。

见如下示例:

```
class student:
    def __init__(self,name,age):
    self.name=name
    self.age=age
    print(self.name+"是"+str(self.age)+"岁")
```

```
if __name__=='__main__':
    student1=student("张三",18)          #调用构造函数实例化 student1
#输出结果为
张三是 18 岁
```

从程序的输出可以看出,构造函数在对象实例化时就被调用了。

如果在编写一个类时,用户可以通过多种不同的方式来创建一个类实例,而不是局限于 __init__()方法提供的一种。在这个时候,就需要创建多个构造函数了。

下面是一个简单的实例:

```
import time
class Date:
    #主构造函数
    def __init__(self, year, month, day):
        self.year=year
        self.month=month
        self.day=day

    #可选构造函数
    @classmethod
    def today(cls):
        print(cls)
        t=time.localtime()
        cls.year=t.tm_year
        cls.month=t.tm_mon
        cls.day=t.tm_mday
        return cls

if __name__=='__main__':
    a=Date(2012,12, 21)
    print(str(a.year)+"年"+str(a.month)+"月"+str(a.day)+"日")
    b=Date.today()          #调用 Date 类中的可选构造方法创建对象 b
    print(str(b.year)+"年"+str(b.month)+"月"+str(b.day)+"日")
#输出结果为
2012 年 12 月 21 日
<class '__main__.Date'>
2019 年 2 月 16 日
```

在可选构造函数中,定义了一个类方法,类方法的第一个参数(cls)代指的就是类本身,类方法会用这个类来创建并返回最终的实例。在上述示例中,对象 a 用主构造函数实例化得到,对象 b 用可选构造函数实例化得到。使用类方法构造函数的另一个好处就是在继承的时候,保证了子类使用可选构造函数构造出来的类是子类的实例而不是父类的实例。

在上述程序中,b＝Date.today()传替给 today 的参数是主线程中的 Date 类,因此,参数 cls 表示传替的是一个类。

7.2.3　析构函数

__ del __()就是一个析构函数。当使用 del 删除对象时,会调用类本身的析构函数,另外,当对象在某个作用域中调用完毕,在跳出其作用域的同时析构函数也会被调用一次,这样可以用来释放内存空间。__ del __()也是可选的,如果在构造函数中没有编写析构函数,则 Python 会在后台提供默认析构函数。如果要显式地调用析构函数,可以使用 del 关键字,方法如下:

```
del 对象名
```

7.2.4　垃圾回收机制

Python 采用垃圾回收机制来清理不再使用的对象;Python 提供 gc 模块释放不再使用的对象,采用引用计数的算法方式来处理回收,即当某个对象在其作用域内不再被其他对象引用时,Python 就自动清除对象;Python 的函数 collect()可以一次性收集所有待处理的对象 gc.collect()。

7.3　面向对象的三大特征

面向对象的三大特征是封装、继承与多态。本节介绍 Python 的封装与继承的实现,至于多态,由于 Python 原生态就是多态的,因此,在 Python 中不需要关注多态问题。

7.3.1　封装

封装指在对象中可以封装属性值。在此举一个示例,假如用户要访问数据库,对数据进行增加、删除、修改、查询操作。操作过数据库的人都知道,要访问数据库需要建立连接,连接数据库需要主机 IP 地址、端口号、用户名和密码等参数。如何实现这些连接参数在不同的方法之间传替呢? 这就需要用到封装。此时,定义一个 DataBaseLinkPreme 类,它的构造函数与方法如下:

```python
class DataBaseLinkPreme:          #定义一个数据连接参数类
    def __init__(self, ip, port, username, pwd):
        self.ip=ip
        self.port=port
        self.username=username
        self.pwd=pwd
```

```
def add(self,content):
    #利用 self 中封装的用户名、密码等连接数据
    print(content)
    print(self.ip,self.port,self.username,self.pwd)

def delete(self,content):
    #利用 self 中封装的用户名、密码等连接数据
    print(content)
    print(self.ip,self.port,self.username,self.pwd)

def update(self,content):
    #利用 self 中封装的用户名、密码等连接数据
    print(content)
    print(self.ip,self.port,self.username,self.pwd)

def get(self,content):
    #利用 self 中封装的用户名、密码等连接数据
    print(content)
    print(self.ip,self.port,self.username,self.pwd)
```

下面代码就实现了参数封装的传替。

```
if __name__=='__main__':
    s1=DataBaseLinkPreme('192.168.0.1',3306, 'root', 'rooe')
                                    #此时,连接参数封装在 s1 对象中
    s1.delete("删除")               #此时把封装的数据传给了 delete 方法的 self
    s1.add("增加")                  #此时把封装的数据传给了 add 方法的 self
    s1.update("修改")               #此时把封装的数据传给了 update 方法的 self
    s1.get("浏览")                  #此时把封装的数据传给了 get 方法的 self
#输出结果为
删除
192.168.0.1 3306 root rooe
增加
192.168.0.1 3306 root rooe
修改
192.168.0.1 3306 root rooe
浏览
192.168.0.1 3306 root rooe
```

从输出可看出,把参数封装在 s1 对象后,传给了所有的方法。在认识了对象封装的概念后,在此思考一个问题,Python 有函数式编程与面向对象编程,这两种方式如何选择呢？选择方式：如果多个函数中有一些相同参数时,利用面向对象编程更方便一些。

7.3.2 继承

在 OOP 程序设计中,定义一个 class,可以从某个现有的 class 继承,新的 class 称为子类(subclass),而被继承的 class 称为基类(base class)或超类(super class)。

1. 子类的定义

定义方式如下:

```
class 子类(父类):
    #属性与方法
```

如下示例定义了一个 person 类,该类拥有了 talk 与 walk 方法。

```
class person:
    def talk(self):
        print("这是 person 类的 talk 方法!")

    def walk(self):
        print("这是 person 类的 walk 方法!")
```

如果现在想定义一个学生类,该类与 person 类有相同的方法 talk 与 walk,student 类有一个 study 方法。此时的 student 类就可以用继承 person 来定义。

```
class student(person):        #此处定义了继承 person 类
    def study(self):
        print("这是 student 类的 study 方法!")
```

在此,创建对象调用方法如下:

```
if __name__=='__main__':
    person1=person()
    person1.talk()
    person1.walk()
    student1=student()
    student1.talk()
    student1.walk()
    student1.study()
#输出结果为
这是 person 类的 talk 方法!
这是 person 类的 walk 方法!
这是 person 类的 talk 方法!
这是 person 类的 walk 方法!
这是 student 类的 study 方法!
```

从输出可以看出,student1 对象的 talk 与 walk 方法是从 person 继承过来的,study 方法是 student1 对象特有的方法,因为它的父类 person 没有该方法。从上面可以看出,此种继承方法是 student 类继承了 person 类的所有方法,但在现实中继承有时子类不需要继续父类的全部方法,假如父亲智商很高,但人有点丑,作为他的儿子,肯定只想继承(遗传)父亲的智商,不想继承他的相貌,那该怎么办呢? 此时只要在子类中重写该方法就可以实现。在子类中重写父类方法是为了防止子类在调用方法时执行父类的方法。见如下示例:

```python
class person:
    def talk(self):
        print("这是 person 类的 talk 方法!")

    def walk(self):        #父类的 walk 方法
        print("这是 person 类的 walk 方法!")

class student(person):
    def walk(self):        #子类中重写 walk 方法
        print("这是 student 类的 walk 方法!")
    def study(self):
        print("这是 student 类的 study 方法!")
```

重新创建对象,再调用方法如下:

```python
if __name__ == '__main__':
    person1=person()
    person1.talk()
    person1.walk()
    student1=student()
    student1.talk()
    student1.walk()
    student1.study()
#输出结果为
这是 person 类的 talk 方法!
这是 person 类的 walk 方法!
这是 person 类的 talk 方法!
这是 student 类的 walk 方法!
这是 student 类的 study 方法!
```

2. 在子类中调用父类方法

从上可以看出,此种情况下的 student1.walk()调用的是子类的 walk 方法。但如果在子类的方法中想调用父类的方法该如何处理呢? 此时,有两种处理办法。方法一是在子类的方法中加入 super 方法即可,具体格式:

```
super(子类, self).父类中的方法(…)
```

见如下示例：

```
class person:
    def talk(self):
        print("这是 person 类的 talk 方法!")

    def walk(self):
        print("这是 person 类的 walk 方法!")

class student(person):
    def walk(self):
        super(student,self).walk()
        print("这是 student 类的 walk 方法!但我首先执行了 person 类的方法")
    def study(self):
        print("这是 student 类的 study 方法!")
```

方法二是在子类的方法中加入"父类名.父类中的方法(self,…)"即可，上述程序如果用方法二来实现，只要把 student 类中的第三行改为 person.walk(self)即可。推荐用第一种方法。

3. 多重继承

众所周知，Java、C♯等面向对象程序设计语言是单继承与多实现的。Python 是支持多重继承的。多重继承是指 Python 的类可以有两个以上的父类，即有类 A、类 B、类 C，类 C 可同时继承类 A 与类 B，此时，类 C 中可以使用类 A 与类 B 中的属性与方法。

见如下示例：

```
class A:
    def play(self):
        print("我是类 A 的 play 方法")

class B:
    def play(self):
        print("我是类 B 的 play 方法")
    def show(self):
        print("我是类 B 的 show 方法")

class C(A,B):           #类 C 继承了类 A 与类 B
    pass

if __name__=='__main__':
```

```
    C_object=C()
    C_object.play()    #类 A 有 play 方法,所以调用类 A 的 play 方法
    C_object.show()    #类 A 没有 show 方法,所以调用类 B 的 show 方法
#输出结果为
我是类 A 的 play 方法
我是类 B 的 show 方法
```

从上面的执行结果可以看出,类 A 与类 B 中具有相同的方法 play,这时 C_object.play()就按照继承的顺序(A,B),先在类 A 中查 play,有就运行。在类 A 中没有 show 方法,所以 C_object.show()就调用类 B 中的 show 方法。

学习多继承主要就是要弄清楚多继承中基类的寻找顺序。在 Python 中使用多继承,主要涉及查找顺序(method resolution order,MRO)、重复调用(钻石继承,也叫菱形继承问题)等。

MRO 即用于判断子类调用的属性或方法来自哪个父类。在 Python 2.3 之前,MRO 是基于深度优先算法的,自 Python 2.3 开始使用 C3 算法,定义类时需要继承 object 类,这样的类被称为新式类。旧式类与新式类的搜索方法如图 7.1 所示。

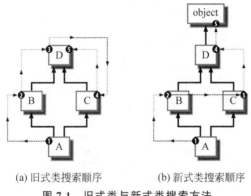

(a) 旧式类搜索顺序　　　　(b) 新式类搜索顺序

图 7.1　旧式类与新式类搜索方法

从图 7.1 中可以看出,旧式类搜索方法是深度优先搜索,搜索顺序如图 7.1(a)所示,新式类搜索方法则是广度优先搜索,搜索的顺序如图 7.1(b)所示。见如下示例:

```
class Base(object):
    def a(self):
        print('Base.a')


class F0(Base):
    def a1(self):
        print('F0.a')


class F1(F0):
    def a1(self):
```

```
        print('F1.a')

class F2(Base):
    def a1(self):
        print('F2.a')

class S(F1,F2):
    pass

if __name__=='__main__':
obj=S()
obj.a()
#输出结果为
Base.a
```

该示例的搜索方法如图 7.2 所示。

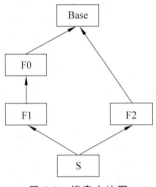

图 7.2   搜索方法图

见如下示例：

```
class BaseReuqest:
    def __init__(self):
        print('BaseReuqest.init')

class RequestHandler(BaseReuqest):
    def __init__(self):
        print('RequestHandler.init')
        BaseReuqest.__init__(self)

    def serve_forever(self):
        #self是obj
        print('RequestHandler.serve_forever')
        self.process_request()
```

```
    def process_request(self):
        print('RequestHandler.process_request')

class Minx:
    def process_request(self):
        print('minx.process_request')



class Son(Minx, RequestHandler):
    pass


obj=Son()               #调用构造函数输出 RequestHandler.init 与 BaseReuqest.init
obj.serve_forever()     #RequestHandler.serve_forever 为 RequestHandler 类中函数
                        #serve_forever 的输出,minx.process_request 为类 Minx 的函
                        #数输出
#输出结果为
RequestHandler.init
BaseReuqest.init
RequestHandler.serve_forever
minx.process_request
```

要看懂上述程序的输出,一定要理解 self,self 是一个对象,obj.serve_forever()传替的对象是 Son 对象,而 Son 对象先继承的是 Minx 类,所以会到 Minx 类中去找 process_request 方法。

4. isinstance()与 issubclass()方法

Python 与其他语言的不同点:当定义一个类的时候,实际上就定义了一种数据类型。定义的数据类型和 Python 自带的数据类型(如 str、list、dict)没什么区别。Python 有 isinstance()与 issubclass()两个判断继承的函数,分别用于检查实例类型和类继承。

isinstance(object,classinfo)方法用于判断参数 object 是否是 classinfo 类的实例。如果参数 object 是 classinfo 类的实例,或者 object 是 classinfo 类的子类的一个实例,返回 True。如果 object 不是一个给定类型的对象,则返回结果总是 False。

issubclass(class,classinfo)方法用于判断参数 class 是否是类型参数 classinfo 的子类。如果 class 是类型参数 classinfo 的子类返回 True,否则返回 False。

见如下示例:

```
class Person(object):
pass


class Child(Person):                    #Child 继承 Person
```

```
    pass

May=Child()
Peter=Person()
print(isinstance(May,Child))            #True
print(isinstance(May,Person))           #True
print(isinstance(Peter,Child))          #False
print(isinstance(Peter,Person))         #True
print(issubclass(Child,Person))         #True
```

7.4　类　的　成　员

类的成员可以分为字段、方法和属性三大类。

7.4.1　类的字段

类的字段包括普通字段和静态字段，它们在定义和使用时是有区别的，最本质的区别在于内存中保存的位置不同。

1. 普通字段

普通字段保存在对象中，需要通过对象来访问字段，即只有对象存在时才能访问普通字段，访问的方法是"对象名.普通字段名"。见如下示例：

```
class student:
    def __init__(self, name,gender):
        #普通字段
        self.name=name
        self.gender=gender


if __name__=='__main__':
    student1=student("张三","男")          #实例化 studen1,在该对象中有普通字段
                                           #name 与 gender
    print(student1.name,student1.gender)   #通过对象 student1 访问普通字段
    print(student.name,student.gender)     #通过类 student 访问普通字段报错
#输出结果为
张三 男
File "D:/fileop/up_download.py", line 10, in <module>
print(student.name,student.gender)        #通过类 student 访问普通字段报错
AttributeError: type object 'student' has no attribute 'name'
```

普通字段在每个对象中都要保存一份，即有多少个类对象就有多少份普通字段

的值。

2. 静态字段

静态字段定义在类的方法之外,保存在类中,为所有类的对象共享,该字段可以通过对象访问,也可以通过类访问,访问的方法是"对象名.静态字段名"或"类名.静态字段名"。下面 student 类是为学生添加了一个国籍(country)且所有学生的国籍为中国。

```
class student:
    #静态字段
    country="中国"
    def __init__(self, name,gender):
        #普通字段
        self.name=name
        self.gender=gender


if __name__=='__main__':
print(student.country)                        #通过类名访问静态字段
    student1=student("张三","男")
    print(student1.name,student1.gender,student1.country)
    #通过对象 student1 访问
#输出结果为
中国
张三 男 中国
```

由于静态字段是被所有类对象共享的,如果在程序代码中修改静态字段的值,则所有对象该字段的值或被修改。见如下示例:

```
class student:
    #静态字段
    country="中国"
    def __init__(self, name,gender):
        #普通字段
        self.name=name
        self.gender=gender


if __name__=='__main__':
    student1=student("张三","男")
    student.country="日本"                        #修改 country 的值
    student2=student("李四","男")
    print(student1.name,student1.gender,student1.country)
    #输出为张三 男 日本
    print(student2.name,student2.gender,student2.country)
    #输出为李四 男 日本
```

7.4.2 类的方法

在 Python 中,类的方法包括普通方法、静态方法和类方法 3 种,3 种方法在内存中都归属于类,区别在于调用方式不同。

1. 普通方法

普通方法由对象调用,至少有一个 self 参数。执行普通方法时,自动将调用该方法的对象赋值给 self。调用普通方法的办法是"对象名.方法名"或"类名.方法名(对象)",推荐使用"对象名.方法名"。见如下示例:

```python
class student:
    def __init__(self, name,gender):
        #普通字段
        self.name=name
        self.gender=gender
    def show(self):
        #普通方法
        print(self.name,self.gender)


if __name__=='__main__':
    student1=student("张三","男")         #创建对象
    #student1.show()                      #通过对象名调用普通方法 show
    student.show(student1)                #通过类名调用普通方法 show
```

2. 静态方法

静态方法保存在类中,由类直接调用。写静态方法的方式与普通方法基本相同,但静态方法不需写 self,静态方法的参数要根据需要来定义,另外,静态方法要加上装饰器 @staticmethod,这样,普通方法就变成了静态方法。见如下示例:

```python
class student:
def __init__(self, name,gender):
    #普通字段
    self.name=name
    self.gender=gender


def show(self):
    #普通方法
    print(self.name,self.gender)


@staticmethod
def out_info( class_name,function_name):
```

```
    #静态方法
    print("类名:"+class_name,"方法名:"+function_name)

if __name__=='__main__':
student.out_info("student","show")        #通过类名调用静态方法
```

静态方法其实就是面向过程里的普通函数,之所以放到类里就是表示方法和该类有关。如果对象中的方法不需要对象的任何值,可以用静态方法定义。

3. 类方法

类方法的定义与静态方法相似,只是类方法要加上装饰器@classmethod,同时类方法至少需要一个参数 cls,这样,静态方法就变成了类方法。类方法也是保存在类中,由类调用。执行类方法时,Python 系统自动将调用该方法的类复制给参数 cls。见如下示例:

```
class student:
    def __init__(self, name,gender):
        #普通字段
        self.name=name
        self.gender=gender

    def show(self):
        #普通方法
        print(self.name,self.gender)

    @staticmethod
    def out_info( class_name,function_name):
        #静态方法
        print("类名:"+class_name,"方法名:"+function_name)

    @classmethod
    def class_func(cls):          #cls=student 类
        #类方法
        print(cls)
        student2=cls("王五","女")
        print(student2.name,student2.gender)

if __name__=='__main__':
    student.class_func()          #通过类名调用静态方法
#输出结果为
<class '__main__.student'>
王五 女
```

3 种方法的应用场景如下。

（1）如果对象中需要保存一些值，则当执行某功能时，若需要使用对象中的值，则需要定义普通方法。

（2）当执行某项功能时，若不需要任何对象中的值，则可以定义静态方法。

（3）当执行某项功能时，若需要传替类本身，则可以定义类方法。

7.4.3 类的属性

在 Python 中，类属性也称为类的特性。在前面已经介绍过，对象有字段与方法，访问字段的方法是"对象名.字段名"，调用普通方法的方法是"对象名.方法名"。在面向对象程序设计语言中，基本上都是这样调用的，这种调用方式已经成为编程人员的一种习惯。在 Python 中，类属性提供了另一种访问的方式，就是访问方法的方式变为访问字段的方式。见如下示例：

```
class Myfunc:
    def func1(self):
        #self 是对象
        print('我是一个普通函数')

    @property
    def func2(self):
        return 123

if __name__=='__main__':
    obj=Myfunc()                    #创建一个对象
    obj.func1()                     #调用普通方法
    ret_data=obj.func2              #func2 是个方法,用获取字段的方法调用
    print(ret_data)
#输出结果为
我是一个普通函数
123
```

上述的 func2 方法加上装饰器@property 后，该方法的调用方式就发生了改变。这种在普通方法上加上@property，就为该方法创建了属性或特性。如果一个普通方法建立了属性之后，再用传统方式调用就会报错。

在 Python 中，既然能把函数当作属性用，那么属性就是能赋值的，如 obj.func=100，在程序中可不可以这样呢？不能直接这样赋值，因为 func 毕竟是个函数。但在编程时，可给函数传替值，如果属性函数能接收值，就可以给函数赋值。为了给 func2 传值，需要再定义一个接收值的函数。见如下示例：

```
class Myfunc:
    @property
    def func2(self):
```

```
        return 1

    @func2.setter
    def func2(self,value):
        print(value)

if __name__=='__main__':
    obj=Myfunc()               #创建一个对象
    ret_data=obj.func2         #调用第一个方法
    print(ret_data)
    obj.func2=100              #调用第二个方法
#输出结果为
1
100
```

在上述代码中，定义了一个与 func2 方法名相同的方法，只是该方法有一个接收值的参数 value，但该方法前加了@func2.setter 装饰器。用 obj.func2＝100 就会调用该方法，且把 100 传给了参数 value。

如果删除一个属性值是否也用同样的方法定义一个函数，道理是一样的。见如下示例：

```
class Myfunc:
    @property
    def func2(self):
        return 1

    @func2.setter
    def func2(self,value):
        print(value)

    @func2.deleter
    def func2(self):
        print("我是删除对象的方法!")
if __name__=='__main__':
    obj=Myfunc()       #创建一个对象
    del obj.func2       #调用@func2.deleter 下的方法
#输出结果为
我是删除对象的方法!
```

在上述的代码中，定义了一个与 func2 方法名相同的方法，只是该方法前加了@func2.deleter 装饰器，使用 del obj.func2 就会调用该方法。

同时还定义了 3 个函数名相同的函数，但使用的装饰器不一样，这样就可以把函数当字段使用，ret_data＝obj.func2 是调用@property 装饰器的函数，obj.func2＝100 是调用@func2.setter 装饰器的函数,del obj.func2 是调用@func2.deleter 装饰器的函数。业务逻辑上不是真正的赋值与删除,只是定义了调用方式与函数之间的对应关系。

例:用属性实现数据库数据的分页。

```python
class Pergination:

    def __init__(self, current_page):
        try:
            #qwer
            p=int(current_page)
        except Exception as e:
            p=1

        self.page=p
    @property
    def start(self):
        val=(self.page-1) * 10
        return val

    @property
    def end(self):
        val=self.page * 10
        return val

li=[ ]
for i in range(1000):
    li.append(i)

while True:
    p=input('请输入要查看的页码:')        #1,每页显示 10 条
    obj=Pergination(p)
    print(li[obj.start:obj.end])
```

在 Python 中,属性还可以有另一种表达方式。

见如下示例:

```python
class Myfunc:

    def func1(self):
        return 123

    def func2(self,v):
        print(v)
```

```
    def func3(self):
        print('del')

    func=property(fget=func1,fset=func2,fdel=func3,doc='adfasdfasdfasdf')
if __name__=='__main__':
    obj=Myfunc()
    ret_data=obj.func          #执行 func1 方法
    print(ret_data)
    obj.func=123456            #执行 func2 方法
    del obj.func               #执行 func3 方法
#输出
123
123456
del
```

要理解上述程序,需要弄清楚 Python 内建函数 property()的作用。

函数的格式:

```
property(fget=None, fset=None, fdel=None, doc=None)
```

函数功能:返回一个 property 属性。

参数说明:fget 是一个用来获取属性值的函数,调用"对象.属性"时自动触发执行方法;fset 是一个用来设置属性值的函数,调用"对象.属性＝XXX"时自动触发执行方法;fdel 是一个用来删除某个属性值的函数,调用"del 对象.属性"时自动触发执行方法;doc 为属性创建一个文档字符串,调用"对象.属性.__ doc __",此参数是该属性的描述信息。

上述表达方式直接通过内置 property 函数来定义对应关系。

7.4.4　类的成员修饰符

类的成员有字段、方法与属性,对于每一个类的成员有公有与私有两种形式,公有成员在任何地方都能被访问,私有成员只有在类的内部才能被访问。私有成员与公有成员命名是有区别,私有成员需在成员名前加两个下画线字符"__"(在程序中显示为__)。

1. 字段修饰符

类中的字段分为普通字段与静态字段两种。下面介绍私有普通字段与私有静态字段的访问方法。见如下示例:

```
class student:
    def __init__(self,name,age,gender):
        self.name=name                 #公有普通字段
        self.__age=age                 #私有普通字段
```

```
        self.gender=gender
if __name__=='__main__':
    student1=student("张三",22,"男")
    print(student1.name,student1.gender)        #访问方式正确
    print(student1.age)                         #通过 student1.age 访问不到对象的 age 字段
```

通过对象不能访问对象的私有普通字段,如何处理才能访问呢?常规处理办法是在类中定义一个获取私有普通字段的方法,然后通过调用对象的方法获取值。见如下示例:

```
class student:
    def __init__(self,name,age,gender):
        self.name=name          #公有普通字段
        self.__age=age          #私有普通字段
        self.gender=gender

    def get_age(self):          #该函数能返回 self.__age 的值
        return self.__age

if __name__=='__main__':
    student1=student("张三",22,"男")
    age=student1.get_age()      #调用方法获取私有普通字段的值
    print(age)                  #输出值为 22
```

静态字段有公有静态字段与私有静态字段之分,公有静态字段在类外部、内部都可以访问,在派生类中也可以访问,私有静态字段仅在类的内部可以访问。见如下示例:

```
class student:
    country="中国"              #公有静态字段
    __tele_code="+80"          #私有静态字段
    def __init__(self,name,age,gender):
        self.name=name          #公有普通字段
        self.__age=age          #私有普通字段
        self.gender=gender

if __name__=='__main__':
    student1=student("张三",22,"男")

    print(student.country,student1.country)         #使用类与对象都可访问公有
                                                    #静态字段
    print(student.__tele_code,student1.__tele_code) #使用类与对象访问私有静态
                                                    #字段时会报错
```

访问私有静态成员字段也需要在类的内部定义获取字段的函数,可以定义普通方法与静态方法。见如下示例:

```
class Myfunc:
    def __func1(self):
        return "我是一个私有的普通方法"

    def func2(self):
        r=self.__func1()          #调用私有方法__func1
        return r

if __name__=='__main__':
    obj=Myfunc()
    ret=obj.func2()              #调用 func2 会间接调用__func1
    print(ret)
```

2. 方法修饰符

方法、属性的访问与上述方式相似,即私有成员只能在类的内部使用。见如下示例:

```
class student:
    country="中国"                #公有静态字段
    __tele_code="+80"            #私有静态字段
    def __init__(self,name,gender):
        self.name=name
        self.gender=gender

    def show(self):
        return self.__tele_code

    @staticmethod
    def show1():
        return student.__tele_code

if __name__=='__main__':
    student1=student("张三","男")    #创建对象 student1
    tele_code1=student1.show()       #通过 student1 对象调用 show()方法获取私有静
                                     #态字段的值
    print(tele_code1)

    tele_code2=student.show1()       #通过 student 类调用静态 show1()方法获取私有
                                     #静态字段的值
    print(tele_code2)
```

7.4.5　类的特殊成员

前面已经介绍了 Python 中类的成员以及成员修饰符,从而了解到类的成长中有字段、方法和属性三大类,并且成员名前如果有两个下画线,则表示该成员是私有成员,私有成员只能在类中访问。Python 有很多类的特殊成员,这些成员有特殊的含义,现介绍一些常用的成员。

（1）__ doc __

__ doc __表示描述类信息,示例如下:

```
class Myfunc:
""" 描述类信息"""
    def func(self):
        pass
print Foo.__doc__
#输出结果为
描述类信息
```

（2）__ module __和__ class __

__ module __ 表示当前操作的对象在哪个模块,__ class __ 表示当前操作的对象的类是什么。

（3）__ init __

构造方法,通过类创建对象时,自动触发执行。

（4）__ del __

析构方法,当对象在内存中被释放时,自动触发执行。

注意:此方法一般无须定义,因为 Python 是一门高级语言,程序员在使用时无须关心内存的分配和释放,因为这项工作都是由 Python 解释器来负责的,所以,析构函数的调用是由解释器在进行垃圾回收时自动触发执行的。

（5）__ call __

对象后面加括号触发执行。

注意:构造方法的执行是由创建对象触发的,即"对象＝类名()";而对于__ call __方法的执行是由对象后加括号触发的,即"对象()"或者"类()()"。

（6）__ str __

如果一个类中定义了__ str __方法,在打印该类创建的对象时,默认执行该方法。

其他特殊成员用得比较少,如果有需要可以参考其他相关的资料。

7.5　反射与单例模式

7.5.1　反射

反射就是通过字符串的形式从对象中操作(查找/获取/删除/添加)成员的方法,是一种基于字符串的事件驱动。在面向对象程序设计中面向对象的理念是世间万物皆为对象,在反射中能够操作的对象可以是由类创建的对象,可以是类,也可以是导入的模块,利用反射可操作类的成员,可操作对象的成员,可操作模块中的函数。要认识反射,就是要弄清楚反射中使用的 4 个常用的内置函数。

1. getattr()函数

格式:

```
getattr(object, name[,default])
```

作用:获取对象 object 的属性或者方法,如果 object 存在对应的 name 则返回该属性或方法。如果方法没有 default,且没有对应的 name 成员,则报错;如果方法有 default,对象没有对应的 name 成员,则返回该值。

注意:如果是返回对象的方法,则返回方法的内存地址。如果需要运行这个方法,可以在后面添加一对括号。见如下示例:

```
class Myclass():
    name="张三"                  #类的字段
    def run(self):
        return "Helloword"


if __name__=='__main__':
    t=Myclass()                  #使用类创建一个 t 对象
    name=getattr(t, "name")      #获取 name 字段给 name 变量
    print(name)                  #输出张三
    f=getattr(t, "run")          #获取 run 方法,返回该方法的内存地址
    print(f)                     #输出为<bound method Myclass.run of <__main__.
                                 #Myclass object at 0x0000028044A43128>>
    ret1=f()                     #f 是个方法,调用时要加()
    print(ret1)
    #ret=getattr(t, "run")()     #获取 run 方法,后面加括号可以将这个方法运行
    #print(ret)                  #输出为 Helloword
    #getattr(t, "age")           #获取一个不存在的字段报错
    age=getattr(t, "age","18")   #若字段不存在,返回一个默认值
    print(age)                   #输出默认值 18
```

上述例子中,是利用 getattr 方法获得对象 t 的成员。如果没有创建对象,能不能直接获得类的成员呢? 见如下示例:

```
#根据输入的函数名运行 page_func 模块中的函数
import page_func
func=input("请输入函数名>>>>")   #可以分别输入 func1,func2,func3
```

```
f=getattr(page_func, func)      #从模块中获取输入的函数
f()                             #运行输入的函数
```

从上述代码运行情况来看，getattr 方法能获取类 Myclass 的成员。能不能直接获得模块的函数呢？下面示例是先创建模块 page_func.py，然后在主程序中导入 page_func.py。page_func.py 有如下函数：

```
def func1():
    print("运行了 func1 函数")

def func2():
    print("运行了 func2 函数")

def func3():
    print("运行了 func3 函数")
```

编写一个 main 模块如下：

```
class Myclass():
    name="张三"                        #类的字段
    def run(self):
        return "Helloword"

if __name__=='__main__':
    name=getattr(Myclass, "name")    #获取 Myclass 类中成员 name 字段给 name 变量
    print(name)                      #输出为张三
    f=getattr(Myclass, "run")        #获取 run 方法，返回该方法的内存地址
    print(f)
                                     #输出为<function Myclass.run at 0x000001F5FBFCE1E0>
    t=Myclass()                      #由于类方法调用时需要参数 self，因此在此创建 t 对象
    ret1=f(t)                        #f 是个方法，调用时要加()，且要为 self 传入参数 t
    print(ret1)                      #输出为 Helloword
```

运行该程序时可以看到，如果输入 func1，就会输出"运行了 func1 函数"，说明调用了 func1 函数；如果输入 func2，就会输出"运行了 func2 函数"，说明调用了 func2 函数；如果输入 func3，就会输出"运行了 func3 函数"，说明调用了 func3 函数。也就是说调用的函数由用户输入来决定。

2. hasattr 方法

格式：

```
hasattr(object, name)
```

作用：判断一个对象里面是否有 name 属性或者 name 方法，返回布尔值，有 name 特性返回 True，否则返回 False。

说明：在指定的对象中获取、删除、添加属性与方法时，应该先查找该对象中是否有相应的属性与方法。

3. setattr 方法

格式：

```
setattr(object, name, values)
```

作用：给对象的属性赋值，若属性不存在，先创建属性再赋值。
见如下代码：

```
class Myclass():
    name="张三"                      #类的字段
    def run(self):
        return "Helloword"


if __name__=='__main__':
    t=Myclass()
    if not hasattr(t, "age"):        #判断属性 age 是否存在
        setattr(t, "age", "18")      #为属性 age 赋值，该方法的返回值为 None
    t_age=getattr(t, "age")          #age 属性存在了
    print(t_age)
#注意创建的属性是在内存中
```

4. delattr 方法

格式：

```
delattr(object, name)
```

作用：该方法删除 object 的一个由 name 指定的属性。
说明：delattr(x，'foobar')＝del x.foobar

7.5.2 单例模式

在 Python 中，代码的设计模式有近 3000 种，不同应用场景可应用不同的设计模式，从而达到简化代码、利于扩展、提升性能等目的。在此介绍单例模式。

在面向对象编程中，对象是由类创建的，对象的创建也称为类的实例化。单例是指一个类的实例从始至终只能被创建一次，在使用实例过程中永远用的是同一个对象。采用单例模式的好处是在计算机内存中实例只保存一份，从而减少内存的消耗。见下面的

示例,类 student 被实例化 3 次,内存创建 3 个同类对象 student1、student2、student3,从输出对象的地址不同可以看出。

```python
class student:
    def __init__(self, name,age):
        self.name=name
        self.age=age


if __name__=='__main__':
    student1=student("张三",18)
    student2=student("李四",18)
    student3=student("王五",18)
    print(student1)    #输出为<__main__.student object at 0x0000022F77B8A438>
    print(student2)    #输出为<__main__.student object at 0x0000022F77B8AF28>
    print(student3)    #输出为<__main__.student object at 0x0000022F77B8AF60>
```

在 Python 中,如何保证一个对象仅被创建一次呢? 见如下示例:

```python
class Instance:
    __v=None           #定义静态私有字段接收创建的对象

    @classmethod
    def get_instance(cls):
        if cls.__v:
            return cls.__v
        else:
            cls.__v=Instance()
            return cls.__v


if __name__=='__main__':
    #不要再使用 Instance()创建对象
    inst_obj1=Instance.get_instance()
                       #对象不存在执行 else 后的代码创建对象,返回对象
    inst_obj2=Instance.get_instance()
                       #对象已经存在,不再创建,直接通过 return 返回
    print(inst_obj1)   #输出为<__main__.Instance object at 0x000001EB7BDBA4E0>
    print(inst_obj2)   #输出为<__main__.Instance object at 0x000001EB7BDBA4E0>
    #输出的地址相同,说明是同一个对象
```

上面示例可知在 Python 创建单例的方法,希望读者能看懂且记住。当然创建单例还有别的方法,在此不再赘述。

单例模式的应用场景是所有实例对象封装的数据都有相同的场景。在这样的场景下应用单例模式可以减少重复创建对象,从而节约内存。例如,在数据库并发连接场景

中,每次连接所用到的 IP 地址、端口、用户名、密码等相同,由于每次单独连接数据库耗时较长,所以通常会如图 7.3 所示,先创建一个连接池,该连接池已与数据库创建好连接,其他用户想访问数据时先连接到此连接池,由连接池分配连接,从而节约时间。

图 7.3　数据库连接池工作原理

7.6　小　　结

本章介绍了面向对象程序设计,归纳与总结如下。

面向对象编程是通过类和对象来创建出各种模型,实现对象真实世界的描述。优点是可扩展性高,缺点是程序复杂度高。

类是具有相同属性的对象的抽象,属性是一类事物的特征,方法是类事物的行为;实例化是指一个类实例成对象的过程。在现实生活中,先有对象后有类;在程序设计中,先定义类后产生对象。

面向对象的三大特征是封装、继承和多态。

类的成员可以分为字段、方法和属性三大类。类的字段包括普通字段和静态字段,它们在定义和使用时最本质的区别在于内存中保存的位置不同。类的方法包括普通方法、静态方法和类方法 3 种,3 种方法在内存中都归属于类,区别在于调用方式不同。类的属性提供了用访问字段的方式访问方法,为普通方法添加@proprerty 装饰器就为方法创建属性。

7.7　练　习　题

1. 判断题

(1) 如果定义类时没有编写析构函数,Python 将提供一个默认的析构函数进行必要的资源清理工作。　　　　　　　　　　　　　　　　　　　　　　　　　　　　　(　　)

(2) 在派生类中可以通过“基类名.方法名()”的方式来调用基类中的方法。　(　　)

(3) Python 支持多继承,如果父类中有相同的方法名,而在子类中调用时没有指定父类名,则 Python 解释器将从左向右按顺序进行搜索。　　　　　　　　　　　(　　)

(4) 在 Python 中定义类时实例方法的第一个参数名称必须是 self。　　　　(　　)

(5) 在 Python 中定义类时实例方法的第一个参数名称不管是什么,都表示对象自身。　　　　　　　　　　　　　　　　　　　　　　　　　　　　　　　　　　(　　)

(6) 定义类时,在一个方法前面使用@classmethod 进行修饰,则该方法属于类方法。
　　　　　　　　　　　　　　　　　　　　　　　　　　　　　　　　　　(　　)

（7）定义类时，在一个方法前面使用@staticmethod 进行修饰，则该方法属于静态方法。　　　　　　　　　　　　　　　　　　　　　　　　　　（　　）

（8）通过对象不能调用类方法和静态方法。　　　　　　　　　　　　（　　）

（9）在 Python 中可以为自定义类的对象动态增加新成员。　　　　（　　）

（10）Python 类不支持多继承。　　　　　　　　　　　　　　　　　（　　）

（11）属性可以像数据成员一样进行访问，但赋值时具有方法的优点，可以对新值进行检查。　　　　　　　　　　　　　　　　　　　　　　　　　　　（　　）

（12）函数和对象方法是一样的，内部实现和外部调用都没有任何区别。　（　　）

（13）在设计派生类时，基类的私有成员默认是不会继承的。　　　　（　　）

（14）如果在设计一个类时实现类 len()方法，该类的对象会自动支持 Python 内置函数 len()。　　　　　　　　　　　　　　　　　　　　　　　　　　　（　　）

2. 编程题

（1）描述一个员工类，员工具备 empId、empName 与 empAge 属性，具备的公共行为是工作。要求：一旦创建一个员工对象，该员工对象就要有对应的属性值。

（2）定义一个学生类，学生具备 stuId、stuName 与 stuAge 属性，还具备一个比较年龄的方法。

（3）编写游戏人生程序。具体需求如下。

① 创建 3 个游戏人物。百合，女，18，初始战斗力为 1600；木木，男，20，初始战斗力为 2200；嫦娥，女，19，初始战斗力为 2500。

② 游戏场景：草丛战斗，消耗 200 战斗力；自我修炼，增长 100 战斗力；多人游戏，消耗 500 战斗力。

第 8 章

线程与多线程编程

导读

多线程允许计算机同时完成多个任务,CPU 的多线程机制使应用程序并行执行,而且同步机制保证了对共享数据的正确操作。通过使用多线程,程序设计者可以分别用不同的线程实现特定的行为。本章介绍线程相关的基本概念、多线程编程与多线程的安全问题。

8.1 线程相关的基本概念

为了更好地理解多线程,首先必须弄清楚什么是程序,什么是进程。理解这些概念对深入掌握多线程有重要的意义。

8.1.1 程序与进程

软件包括计算机系统操作有关的计算机程序、规程、规则,以及文件、文档及数据。程序(program)是指令和数据的有序集合,其本身没有任何运行的含义,是一个静态的概念。

进程(process)可以从狭义上与广义上来理解,从狭义上来说,进程就是一段程序的执行过程;从广义上来说,进程是一个具有独立功能的程序关于某个数据集合的一次运行活动。进程是操作系统动态执行的基本单元,在传统的操作系统中,进程既是基本的分配单元,也是基本的执行单元。

可以从两方面来认识进程,一方面,每个进程是一个实体,有自己的内存地址空间。在通常情况下,进程包括文本域、数据域和堆栈域:文本域用于存储处理器执行的代码;数据域用于存储和进程执行期间使用的动态分配的内存;堆栈域存储着活动过程调用的指令和本地变量。另一方面,进程是一个执行中的程序,是一个动态概念。程序是一个没有生命的实体,只有处理器赋予生命时,程序才能成为一个活动的实体。进程有就绪、运行和阻塞 3 种状态:就绪状态是进程获取了除 CPU 以外的资源,只要处理器分配资源进程就马上运行;运行状态是进程获得了处理器资源,程序开始执行;阻塞状态是指当程序运行条件不符时,需要等待条件满足才能执行,如等待 I/O,此刻,进程的状态就称为阻塞态。

8.1.2　线程与多线程

　　通常,在一个进程中可以包含若干个线程,当然,一个进程中至少应有一个线程,否则,进程就没有存在的意义。线程可以利用进程所拥有的资源,在引入线程的操作系统中,通常是把进程作为分配资源的基本单位,而把线程作为独立运行和独立调度的基本单位。由于线程比进程更小,基本上不用拥有系统资源,故对它的调度所付出的开销就相对会少得多,线程能高效地提高系统多个程序间并发执行的程度。在一个程序中,独立运行的程序片段称为线程(thread),利用多线程编程称为多线程处理。多线程是为了同步完成多项任务,并不是提高运行效率,而是通过提高资源使用效率来提高系统的效率。线程是在同一时间需要完成多项任务的时候实现的。多线程就像火车的每一节车厢,进程就是火车,车厢离开火车是无法运行的,当然,火车也不可能只有一节车厢。多线程的出现就是解决一个进程里面可以同时运行多个任务(执行路径)问题。

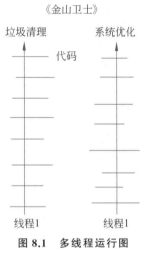

图 8.1　多线程运行图

　　例如,在 Windows 操作系统中,运行《金山卫士》,《金山卫士》就是一个进程。《金山卫士》有系统优化、垃圾清理、查杀木马、修复漏洞等功能,如果运行《金山卫士》后,同时运行系统优化与垃圾清理,就开启了两个线程,一个线程负责系统优化;另一个线程负责垃圾清理。这两个线程是没有先后的,谁争夺到 CPU 资源,谁就能够运行,如图 8.1 所示。

8.1.3　线程的生命周期

　　线程是一个动态执行的过程,它有一个从产生到死亡的过程。线程从产生到死亡称为线程的生命周期。线程在生命周期内有创建、就绪、运行、阻塞与死亡 5 种状态。

1. 创建

　　当创建线程类的一个实例(对象)时,此线程进入创建状态,但此时的线程并未被启动。

2. 就绪

　　就绪状态也被称为可运行状态。就绪状态的进程表示线程已经被启动,正在等待分配 CPU 时间片。也就是说,线程正在就绪队列中排队等候得到 CPU 资源。

3. 运行

　　线程获得 CPU 资源正在执行任务,此时,除非此线程自动放弃 CPU 资源或者有优先级更高的线程进入,否则,线程将一直运行到结束。

4. 阻塞

由于某种原因导致正在运行的线程让出 CPU 并暂停自己的执行,即进入阻塞状态。

5. 死亡

当线程执行完毕或被其他线程杀死,线程就进入死亡状态,这时线程不可能再进入就绪状态等待执行。例如,守护线程在主线程运行完毕后就自动死亡。

线程状态之间的转换如图 8.2 所示。

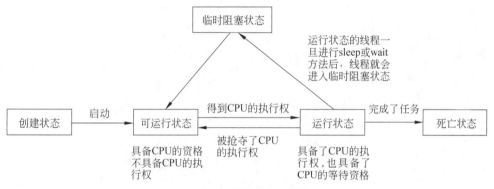

图 8.2 线程的生命周期

8.2 多线程编程

Python 为多线程编程提供了 threading 模块,在 Python 3 中,用多线程编程要导入该模块。

8.2.1 线程的创建

在 Python 3 中创建线程有两种方法:第一种方法是创建一个 threading.Thread 对象,在其初始化函数中将可调用对象作为参数传入;第二种方法是通过继承 Thread 类,重写它的 run()方法,然后利用该类创建线程对象。

1. 通过 Thread 类直接创建线程

使用 threading.Thread 创建线程对象的格式:

```
threading.Thread(target=None, name=None, args=(),daemon=None)
```

参数的作用如下。

target:是个由 run 方法执行调用的可调用对象,也就是线程要执行的函数。

name：表示线程的名称，在默认情况下，是 Thread-N 形式，如 Thread-1，Thread-2 等。

args：参数元组，是用来给 target 调用的，默认为一个空的元组。

daemon：设置线程是否是守护进程，当 daemon 为 True 时，表示该线程为守护线程，否则就不是守护线程。

注意：主线程销毁停止，守护线程会一起销毁。上述参数必须在调用 start 方法之前完成设置，否则就会抛出 RuntimeError 异常。

见如下示例：

```python
import threading
import time
def foo(n):
    time.sleep(n)
    print("foo func:",n)

def bar(n):
    time.sleep(n)
    print("bar func:",n)

if __name__=='__main__':
    s1=time.time()
    #创建一个线程实例t1,foo 为这个线程要运行的函数
    t1=threading.Thread(target=foo,args=(3,))
    t1.start()        #启动线程 t1
    #创建一个线程实例t2,bar 为这个线程要运行的函数
    t2=threading.Thread(target=bar,args=(5,))
    t2.start()        #启动线程 t2
    print("ending")
    s2=time.time()
    print("cost time:",s2-s1)
```

2. 通过继承 Thread 类创建线程

该方法创建线程，首先要创建一个类继承 threading.Thread 类，且在该类中重写 run 方法。见如下示例：

```python
import threading
import time
#定义 MyThread 类,其继承自 threading.Thread 这个父类
class MyThread(threading.Thread):
    def __init__(self):
        threading.Thread.__init__(self)        #父类构造函数
```

```
    def run(self):           #重写子类的 run 方法
        print("ok")
        time.sleep(2)
        print("end t1")
if __name__=='__main__':
#对类进行实例化
t1=MyThread()
#启动线程
t1.start()
print("ending")
```

8.2.2　线程的方法与属性

1. run 与 start 方法

run 方法只是线程类的一个普通方法,如果直接调用 run 方法,程序中依然只有主线程这一个线程,其程序执行路径只有一条,且顺序执行,只有 run 方法执行完毕后才可继续执行后继的代码,这样可达到多线程的目的。

start 方法用于启动线程,能真正实现多线程运行。在编程过程中,编程者通过调用 Thread 类的 start 方法来启动一个线程,这时的线程就处于就绪(可运行)状态,但并没有运行,它一旦获得 CPU 时间片,就开始执行 run 方法。因此,通常把 run 方法称为线程体,它包含了要执行线程的代码。run 方法运行结束,对应的线程就立即终止。

2. 线程的其他方法与属性

thread 模块提供了线程的其他一些方法与属性,常用的方法与属性如下。

(1) threading.currentThread():返回当前线程。

(2) threading.enumerate():返回一个包含正在运行线程的列表。正在运行的线程列表包括启动后与结束前的线程,不包括启动前和终止后的线程。

(3) threading.activeCount():返回正在运行线程的数量,该方法与 len(threading.enumerate())有相同的结果。

(4) isAlive():返回线程是否是活动线程,如果是活动线程值为 True,否则为 False。

(5) getName():返回线程的名称。

(6) setName():设置线程名称。

(7) Thread.ident:该属性用于获取线程的标识符。线程标识符是一个非零整数,只有在调用了 start 方法后该属性才有效,否则它的值为 None。

(8) Thread.name:该属性用于获取线程的名称。

8.2.3　线程的加入

线程的加入是通过线程的 join 方法来实现的。join 是 Thread 类的一个方法,启动线程后直接调用,作用是在子线程完成运行之前,这个子线程的父线程将一直被阻塞,子线程运行完毕后再继续运行父线程。在此,以模拟儿子打酱油的示例来说明线程的 join 方法。

```python
import threading
import time
#定义 Son_sauce 类,其继承自 threading.Thread 父类
class Son_sauce(threading.Thread):
    def __init__(self):
        threading.Thread.__init__(self)

    def run(self):
        print("儿子下楼。")
        time.sleep(1)
        print("儿子到了小卖部")
        time.sleep(1)
        print("儿子买好了酱油")
        time.sleep(1)
        print("儿子离开了小卖部")
        print("儿子上楼。")
        time.sleep(1)
        print("儿子把酱油给了妈妈。")
class Mon(threading.Thread):
    def __init__(self):
        threading.Thread.__init__(self)
    def run(self):
        print("妈妈洗菜")
        print("妈妈切菜")
        print("妈妈准备炒菜,发现没有酱油了。")
        #叫儿子去打酱油
        buy_sauce=Son_sauce()
        buy_sauce.start()
        buy_sauce.join()
        print("妈妈继续炒菜。")

if __name__=='__main__':
    mon1=Mon()
    mon1.start()
```

从上述示例可以看出,子线程 Son_sauce 是在父线程 Mon 中的 print("妈妈准备炒菜,发现没有酱油了。")代码后创建启动与加入,在子线程 Son_sauce 没有运行完毕之前父线程 Mon 一直处于阻塞状态,子线程 Son_sauce 一旦运行完毕,父线程 Mon 就继续运行。

8.2.4　守护线程

守护线程也称为后台线程。在多线程编程时,如果将线程声明为守护线程,就必须在线程的 start 方法调用之前设置。在程序运行时,首先执行一个主线程,如果主线程中又创建一个子线程,主线程和子线程就分别运行,当主线程运行完成退出时,会自动检查子线程是否完成。如果子线程未完成,则主线程会等待子线程完成后再退出。如果子线程是个守护线程,只要主线程执行完毕,不管守护线程是否完成,都会和主线程一起结束。也就是说,在一个进程中如果只剩下了守护线程,守护线程就会死亡。

设置线程为守护线程的方法格式:

```
setDaemon("True")
```

下面示例是模拟聊天程序中有下载更新包守护进程的程序。在该程序运行时,如果输入 exit,则不管守护线程是否执行完毕,守护线程就必须结束。

```python
import threading
import time
#定义 Download 类,其继承自 threading.Thread 父类
class Download(threading.Thread):
    def __init__(self):
        threading.Thread.__init__(self)

    def run(self):
        for i in range(1,101,2):
            print("更新包目前下载"+str(i)+"%")
            time.sleep(1)
            if i==100:
                print ("更新包下载完毕,准备安装。");

if __name__=='__main__':
l=Download()
l.setDaemon("True")     #设置 l 为守护线程
l.start()
#下面代码实现模拟聊天
while 1:
    info=input(">>>>")#主线程在运行时,输入 exit,主线程结束,守护线程也必须结束
    if info=="exit":
        break
    print("聊天信息是"+info)
```

8.3　多线程的安全问题

8.3.1　线程出现安全问题的原因

为了认识与理解多线程的安全问题,在此,先实现模拟 3 个窗口同时售 100 张票的需求。见下面程序代码:

```
import threading
import time
ticket_num=100                #进程共享,定义为全局变量
class SaleTicket(threading.Thread):
    def __init__(self):
        threading.Thread.__init__(self)
    def run(self):
        global ticket_num  #声明 ticket_num 为全局变量
        while 1:
            if ticket_num>0:
                print(threading.currentThread().getName()+"售出了第"+str
(ticket_num)+"号票")
                time.sleep(1)
                ticket_num-=1
            else:
                print("售罄了。")
                break

if __name__=='__main__':
    ticket_window1=SaleTicket()
    ticket_window2=SaleTicket()
    ticket_window3=SaleTicket()
    ticket_window1.start()
    ticket_window2.start()
    ticket_window3.start()
```

运行该程序时,会发现有重复票卖出,即一张票被卖多次的现象。这是什么原因呢?原因是该程序中有 3 个线程 ticket_window1、ticket_window2、ticket_window3,3 个线程都在争夺 CPU 的执行权,如果一个线程运行时,拿到了 ticket_num,且执行了 print 语句,还没来得及执行 ticket_num-=1 语句,CPU 的执行权被另外一个线程拿走,此时,该线程拿到的 ticket_num 还是原来的值,它就会把这张票卖出,当原来的线程再次得到 CPU 执行权时,由于它的 ticket_num 也是原来的值,该线程就把这票再卖一次,这样,就导致了重复票的卖出。这种现象就是多线程的安全问题。出现线程安全问题的原因有两点:一是存在两个或两个以上的线程对象,且线程之间共享着资源;二是在线程中有多

条语句操作共享资源。

8.3.2 安全问题的解决方法

Python 处理多线程安全问题采用 5 种办法：简单的同步实现机制、条件变量同步机制、同步条件（event）、信号量、队列（queue）。

1. 简单的同步实现机制

最简单的同步机制就是"锁"。在 threading 模块中，定义了两种类型的锁，分别是 threading.Lock 和 threading.RLock。这两种锁之间的主要区别：RLock 允许在同一线程中多次调用 acquire（获得锁）方法，而 Lock 却不允许多次使用。如果使用 RLock，acquire 方法与 release（释放锁）方法必须成对出现，即调用了多少次 acquire 方法，就必须调用对应次数的 release 方法才能真正释放所占用的锁。线程可以使用锁的 acquire 方法获得锁，这样锁就进入 locked 状态。进程在运行时，每次只有一个线程可以获得锁，直到拥有锁的线程调用锁的 release 方法才能释放锁。

为了确保前面售票程序不要重复卖票，使用锁对象实现的程序代码如下：

```
import threading
import time
ticket_num=100                    #进程共享,定义为全局变量
mylock=threading.Lock()           #创建锁对象
class SaleTicket(threading.Thread):
    def __init__(self):
        threading.Thread.__init__(self)
    def run(self):
        global ticket_num          #声明 ticket_num 为全局变量
        while 1:
            mylock.acquire() #加锁
            if ticket_num>0:
                print(threading.currentThread().getName()+"售出了第"+str
(ticket_num)+"号票")
                time.sleep(1)
                ticket_num-=1
            else:
                print("售罄了。")
                break
            mylock.release() #释放锁
if __name__=='__main__':
    ticket_window1=SaleTicket()
    ticket_window2=SaleTicket()
    ticket_window3=SaleTicket()
    ticket_window1.start()
```

```
        ticket_window2.start()
        ticket_window3.start()
```

注意：修改共享数据的代码被称为临界区，为了线程安全必须将所有临界区都封闭在同一个锁对象的 acquire 方法与 release 方法之间。

2. 条件变量同步机制

锁只能提供最基本的同步。假如只在某些事件发生时才访问一个临界区，这时需要使用条件变量 Condition。可以把 Condition 理解为一把高级锁，它提供了比 Lock、RLock 更高级的功能，能用于控制复杂的线程同步问题。

在 Python 中，Condition 对象是对 Lock 对象的包装，在创建 Condition 对象时，其构造函数需要一个 Lock 对象作为参数，如果没有 Lock 参数，Condition 将在内部自行创建一个 Rlock 对象。在 Condition 对象上，当然也可以调用 acquire 和 release 方法，因为内部的 Lock 对象本身就支持这些操作。但是 Condition 的价值在于其提供的 wait 和 notify 的方法。

条件变量的工作过程：首先一个线程成功获得一个条件变量后，调用此条件变量的 wait 方法会导致这个线程释放这个锁，并进入 blocked 状态，直到另一个线程调用同一个条件变量的 notify 方法来唤醒那个进入 blocked 状态的线程。如果调用这个条件变量的 notifyAll 方法就会唤醒所有的等待线程。

如果程序或者线程永远处于 blocked 状态，就会发生死锁。因此，如果使用了锁、条件变量等同步机制，一定要注意仔细检查，防止死锁情况的发生。对于可能产生异常的临界区要使用异常处理机制中的 finally 子句来保证释放锁。等待一个条件变量的线程必须用 notify 方法显式地唤醒，否则就永远沉默。保证每一个 wait 方法调用都有一个相对应的 notify 调用，当然也可以调用 notifyAll 方法。

Python 提供了 threading.Condition 对象用于条件变量线程的支持，该对象不仅提供了 RLock 与 Lock 方法，还提供了 wait、notify 与 notifyAll 方法。

wait()：条件不满足时调用，线程会释放锁并进入等待阻塞。

notify()：条件创造后调用，通知等待池激活一个线程。

notifyAll()：条件创造后调用，通知等待池激活所有线程。

threading.Condition 对象的创建方法如下。

lock_con＝threading.Condition([Lock/Rlock])：锁是可选选项，如果不传入锁，该对象自动创建一个 RLock 方法。

下面示例是定义 5 个生产线程生产产品，一个消费线程消费产品的程序，理解 wait 与 notify 方法的作用与含义，见如下示例：

```
import threading,time
from random import randint
class Producer(threading.Thread):      #生产者类
```

```
    def run(self):
        global L
        while True:
            val=randint(0,100)
            print('生产者',self.name,":Append"+str(val),L)
            lock_con.acquire()
            L.append(val)
            lock_con.notify()          #唤醒消费线程
            lock_con.release()
            time.sleep(3)
class Consumer(threading.Thread):       #消费者类
    def run(self):
        global L
        while True:
            lock_con.acquire()
            if len(L)==0:
                lock_con.wait()         #如果 L 没有消费的产品,线程进入阻塞状态
            print('消费者',self.name,":Delete"+str(L[0]),L)
            del L[0]                    #从第一个产品消费
            lock_con.release()
            time.sleep(0.5)
if __name__=="__main__":

    L=[]                               #创建列表用于存放产品
    lock_con=threading.Condition()     #创建 threading.Condition 对象
    threads=[]                         #创建线程列表用于存放线程
    for i in range(5):                 #创建 5 个生产线程放入 L 列表中
        threads.append(Producer())
    threads.append(Consumer())         #创建 1 个消费线程放入 L 列表中
    for t in threads:                  #开启线程列表中的 5 个生产线程与 1 个消费线程
        t.start()
    for t in threads:
        t.join()                       #主线程进入阻塞状态
```

3. 同步条件

同步条件与条件变量同步机制很相似,只是少了锁功能,因为同步条件设计不访问共享资源的条件环境。创建条件环境对象的方法:

```
event=threading.Event()
```

注意:创建的条件环境对象初始值为 False。
同步条件方法及作用如下。

event.isSet()：返回 event 的状态值。

event.wait()：如果 event.isSet()==False 将阻塞线程。

为了理解这两个方法的作用，见如下示例：

```python
import threading,time
class Boss(threading.Thread):
    def run(self):
        print("BOSS:今晚大家都要加班到 22:00。")
        event.isSet() or event.set()
        time.sleep(5)
        print("BOSS:<22:00>可以下班了。")
        event.isSet() or event.set()
class Worker(threading.Thread):
    def run(self):
        event.wait()
        print("Worker:哎……命苦啊!")
        time.sleep(0.5)
        event.clear()
        event.wait()
        print("Worker:OhYeah!")
if __name__=="__main__":
    event=threading.Event()
    threads=[]
    for i in range(5):
        threads.append(Worker())
    threads.append(Boss())
    for t in threads:
        t.start()
    for t in threads:
        t.join()
```

event.set()：设置 event 的状态值为 True，所有阻塞池的线程激活进入就绪状态，等待操作系统调度。

event.clear()：恢复 event 的状态值为 False。

为了理解这两个方法的作用，见如下示例：

```python
import threading,time
import random
def light():
    if not event.isSet():
        event.set()                #wait 方法不阻塞,状态为绿灯
    count=0
    while True:
```

```
            if count <10:
                print('\033[42;1m--green light on---\033[0m')
            elif count <13:
                print('\033[43;1m--yellow light on---\033[0m')
            elif count <20:
                if event.isSet():
                    event.clear()
                print('\033[41;1m--red light on---\033[0m')
            else:
                count=0
                event.set()                    #打开绿灯
            time.sleep(1)
            count +=1
    def car(n):
        while 1:
            time.sleep(random.randrange(10))
            if  event.isSet():                 #绿灯
                print("car [%s] is running.." %n)
            else:
                print("car [%s] is waiting for the red light.." %n)
    if __name__=='__main__':
        event=threading.Event()
        Light=threading.Thread(target=light)
        Light.start()
        for i in range(3):
            t=threading.Thread(target=car,args=(i,))
            t.start()
```

4. 信号量

信号量是用来控制线程并发数的，BoundedSemaphore 或 Semaphore 管理一个内置的计数器，每当调用 acquire()方法时计数器减 1，调用 release()方法时计数器加 1。

计数器不能小于 0，当计数器为 0 时，acquire()方法将阻塞线程至同步锁定状态，直到其他线程调用 release()方法（类似于停车位的概念）。BoundedSemaphore 与 Semaphore 的唯一区别在于前者在调用 release()方法时检查计数器的值是否超过了计数器的初始值，如果超过，则抛出一个异常。见如下示例：

```
import threading,time
class myThread(threading.Thread):
    def run(self):
        if semaphore.acquire():
            print(self.name)
```

```
            time.sleep(5)
            semaphore.release()

if __name__=="__main__":
    semaphore=threading.Semaphore(5)
    thrs=[ ]
    for i in range(100):
        thrs.append(myThread())
    for t in thrs:
        t.start()
```

5. 队列

队列是 Python 标准库中的线程安全的队列实现,它提供了一个适用于多线程编程的先进先出的数据结构,即队列,用来在生产者线程和消费者线程之间传递信息。

1) 队列的分类及构造方法

队列分为基本先进先出(first in first out,FIFO)队列、后进先出(last in first out,LIFO)队列与优先级队列(级别越低越先出来)。

(1) 基本 FIFO 队列的构造方法:

```
class Queue.Queue(maxsize=0)
```

说明:maxsize 是个整数,指明了队列中能存放的数据个数的上限。一旦达到上限,插入会导致阻塞,直到队列中的数据被消费掉。如果 maxsize 小于或者等于 0,队列大小没有限制。

(2) LIFO 队列的构造方法:

```
class Queue.LifoQueue(maxsize=0)
```

说明:maxsize 用法同基本 FIFO。

(3) 构造一个优先队列的方法:

```
class Queue.PriorityQueue(maxsize=0)
```

说明:maxsize 用法同基本 FIFO。

2) 列队中常用的方法

(1) put 方法。

格式:

```
put(item[, block[, timeout]])
```

作用:将 item 放入队列中。

说明：如果可选的参数 block 为 True、timeout 为空对象（默认的情况，阻塞调用，无超时）且是个正整数，阻塞调用进程最多 timeout 秒，一直无空闲空间可用，抛出 Full 异常（带超时的阻塞调用）；如果可选的参数 block 为 False，有空闲空间可用，将数据放入队列，否则立即抛出 Full 异常。其非阻塞版本为 put_nowait 等同于 put(item，False)。

（2）get 方法。

格式：

```
get([block[, timeout]])
```

作用：从队列中移除并返回一个数据。block、timeout 参数同 put 方法，其非阻塞方法为 get_nowait()相当于 get(False)。

（3）empty 方法。

格式：

```
empty()
```

作用：如果队列为空，返回 True，反之返回 False。

（4）task_done 方法。

格式：

```
task_done()
```

作用：在完成一项工作后，q.task_done()函数向任务已经完成的队列发送一个信号，意味着之前入队的一个任务已经完成。由队列的消费者调用线程。每一个 get()调用得到一个任务，接下来的 task_done()调用告诉队列该任务已经处理完毕。如果当前一个 join()方法正在阻塞，它将在队列中的所有任务都处理完时恢复执行（即每一个由 put()调用入队的任务都有一个对应的 task_done()调用）。

（5）join 方法。

格式：

```
join()
```

作用：阻塞调用线程，直到队列中的所有任务被处理掉。只要有数据加入队列，未完成的任务数就会增加。当消费者线程调用 task_done()（意味着有消费者取得任务并完成任务），未完成的任务数就会减少。当未完成的任务数降到 0，join()解除阻塞，实际上意味着等到队列为空，再执行别的操作。

（6）qsize 方法。

格式：

```
qsize ()
```

作用：返回队列的大小。

（7）Full 方法。

格式：

```
full()
```

作用：如果队列满了，返回 True,反之 False。

为了理解队列的使用，见如下示例。下面程序是一个线程不断生成一个随机数到一个队列中（考虑使用 Queue 这个模块），一个线程从上面的队列里面不断地取出奇数，另一个线程从上面的队列里面不断地取出偶数。

```
import random,threading,time
from queue import Queue
# Producer thread
class Producer(threading.Thread):
  def __init__(self, t_name, queue):
    threading.Thread.__init__(self,name=t_name)
    self.data=queue
  def run(self):
    for i in range(10):              #随机产生10个数字,可以修改为任意大小
      randomnum=random.randint(1,99)
      print ("%s: %s is producing %d to the queue!" % (time.ctime(), self.
getName(), randomnum))
      self.data.put(randomnum)        #将数据依次存入队列
  time.sleep(1)
    print ("%s: %s finished!" % (time.ctime(), self.getName()))
# Consumer thread
class Consumer_even(threading.Thread):
  def __init__(self,t_name,queue):
    threading.Thread.__init__(self,name=t_name)
    self.data=queue
  def run(self):
    while 1:
      try:
        val_even=self.data.get(1,5)
        #get(self, block=True, timeout=None) ,1表示阻塞等待,5表示超5秒为
        #超时
        if val_even%2==0:
          print ("%s: %s is consuming. %d in the queue is consumed!" % (time.
ctime(),self.getName(),val_even))
          time.sleep(2)
        else:
          self.data.put(val_even)
```

```
        time.sleep(2)
    except:              #等待输入,超过 5 秒 就报异常
      print ("%s: %s finished!" %(time.ctime(),self.getName()))
      break
class Consumer_odd(threading.Thread):
  def __init__(self,t_name,queue):
    threading.Thread.__init__(self, name=t_name)
    self.data=queue
  def run(self):
    while 1:
      try:
        val_odd=self.data.get(1,5)
        if val_odd%2!=0:
          print ("%s: %s is consuming. %d in the queue is consumed!" %(time.
ctime(), self.getName(), val_odd))
          time.sleep(2)
        else:
          self.data.put(val_odd)
          time.sleep(2)
      except:
        print ("%s: %s finished!" %(time.ctime(), self.getName()))
        break

      #Main thread
      def main():
        queue=Queue()
        producer=Producer('Pro.', queue)
        consumer_even=Consumer_even('Con_even.', queue)
        consumer_odd=Consumer_odd('Con_odd.',queue)
        producer.start()
        consumer_even.start()
        consumer_odd.start()
        producer.join()
        consumer_even.join()
        consumer_odd.join()
        print ('All threads terminate!')
      if __name__=='__main__':
        main()
```

8.4　小　　结

本章介绍了线程与多线程的编程,很多与线程相关的概念必须全面认识与理解。
软件包括计算机系统操作有关的计算机程序、规程、规则,以及文件、文档及数据。

程序是指令和数据的有序集合，是一个静态的概念。

进程就是一段程序的执行过程，是一个具有独立功能的程序关于某个数据集合的一次运行活动，是操作系统动态执行的基本单元。在传统的操作系统中，进程既是基本的分配单元，也是基本的执行单元。

在一个程序中，独立运行的程序片段称为线程，利用多线程编程称为多线程处理。在 Python 3 中，用多线程编程要导入 threading 模块。

在进行多线程编程时，要认识线程的方法，特别是要认识 start 方法与 run 方法的区别。

在进行多线程编程时，要注意线程的安全问题。线程出现安全问题的原因有两个：一是存在两个或两个以上的线程对象，且线程之间共享着资源；二是在线程中有多条语句操作共享资源。

Python 处理多线程安全问题采用 5 种办法：简单的同步实现机制、条件变量同步机制、同步条件、信号量、队列。编程人员可根据具体情况正确选择。

8.5 练 习 题

1. 简答题

（1）线程和进程有什么区别？

（2）什么是线程？线程在生命周期内有几种状态？各种状态之间是如何转换的？

（3）在 Python 中，如何启动一个线程？run 与 start 方法有何区别？

（4）在 Python 中，多线程有几种实现方法？

2. 编程题

（1）编写一个程序，该程序有两个线程 ThreadA 与 ThreadB，它们都操作同一个 Food 对象，Food 对象有产品名称与单价属性，两个线程可修改 Food 对象上的数据。

（2）编写多线程应用程序，模拟多个人通过一个山洞的模拟。这个山洞每次只能通过一个人，每个人通过山洞的时间为 5 秒，随机生成 10 个人，同时准备过此山洞，显示每次通过山洞人的姓名。

第9章

网络编程与数据库编程

导读

从前面可知,应用程序可以将计算机内存的数据写入到硬盘,也可以把硬盘的文件读入到计算机内存。本章介绍网络编程,利用 Python 编写的程序实现计算机与计算机之间的数据传输。主要介绍网络编程的基础知识与 Socket 编程。在计算机系统中,数据库为数据提供了安全、可靠、完整的存储方式。在 Python 中,如何连接数据库,实现对数据库中数据的增加(insert)、删除(delete)、查询(select)、修改(update)操作是数据库编程的重要知识。同时还介绍 Python 数据库接口规范与数据库编程知识。

9.1 网络编程

9.1.1 网络与网络编程

计算机网络是利用通信线路将地理位置分散、功能独立的多台计算机连接起来,按照相关协议实现数据通信与资源共享的系统。OSI 参考模型定义了不同计算机互连的标准,它是设计与描述计算机网络通信的基本框架。OSI 参考模型把网络通信工作分为物理层、数据链路层、网络层、传输层、会话层、表示层和应用层 7 层。

应用层(application layer)提供为应用软件而设置的接口,以实现与另一应用软件之间的通信。提供的应用主要有 HTTP、HTTPS、FTP、TELNET、SSH、SMTP、POP3 等。表示层(presentation layer)把数据转换为能与接收者的系统格式兼容并适合传输的格式。会话层(session layer)在数据传输过程中,负责设置和维护计算机网络中两台主机之间的通信连接。传输层(transport layer)把传输表头加到要传输的数据前形成数据包。传输表头中包含了所使用的协议等发送信息。例如,传输控制协议(TCP)等。网络层(network layer)决定数据的路径选择和转寄,将网络表头加至数据包,以形成数据分组。网络表头包含了网络数据。例如,互联网协议(IP)等。数据链路层(data link layer)负责网络寻址、错误帧检测和改错。当表头和表尾被加入数据包时,会形成帧。数据链表头包含了物理地址和错误帧检测和改错的方法。数据链表尾是一串指示数据包末端的字符串。例如,以太网、无线局域网(WiFi)和通用分组无线服务(GPRS)等。物理层

(physical layer)在局部局域网上传送数据帧,它负责管理计算机通信设备和网络媒体之间的互通,包括针脚、电压、线缆规范、集线器、中继器、网卡、主机适配器等。

网络编程主要用于编写程序解决计算机与计算机(手机、平板计算机等)之间的数据传输问题。

9.1.2 网络通信的三要素

IP 地址、端口号与通信协议构成了网络通信的三要素。

1. IP 地址

IP 地址用于标识一台计算机或设备的地址,由主机号＋网络号组成,网络号用于标识主机所在的网络,主机号用于标识主机在网络中的位置。IP 地址(IPv4)的本质就是一个由 32 位的二进制组成的数据。为了方便人们记忆 IP 地址,把 IP 地址切成了 4 份,每份 8 位,每 8 位二进制转化为十进制格式书写,IP 地址＝网络号＋主机号。

IP 地址的二进制格式:XXXXXXXX.XXXXXXXX.XXXXXXXX.XXXXXXXX。

IP 地址的十进制格式:十进制.十进制.十进制.十进制,如 192.168.0.1。

IP 地址分为 A 类、B 类、C 类 3 类,它们的格式分别如下:

A 类地址＝1 字节网络号＋3 字节的主机号

B 类地址＝2 字节网络号＋2 字节的主机号

C 类地址＝3 字节网络号＋1 字节的主机号

在 IP 地址中有一个特殊的 IP 地址,环回地址 127.0.0.1。

IP 地址的另一种格式就是 IPv6 地址,IPv6 是互联网协议的第 6 版。IPv6 地址为 128 位长,但通常分为 8 组,每组用 4 位十六进制数表示。例如,2001：0db8：85a3：08d3：1319：8a2e：0370：7344 就是一个合法的 IP 地址。如果 4 位数字都是零,可以省略。例如,2001：0db8：85a3：0000：1319：8a2e：0370：7344 等价于 2001：0db8：85a3：：1319：8a2e：0370：7344。如果由于省略而出现了两个以上的冒号的话,可以压缩为一个,但这种零压缩在地址中只能出现一次。因此,下面的 IP 地址都是合法的,且是等价的。

```
2001:0DB8:0000:0000:0000:0000:1428:57ab
2001:0DB8:0000:0000:0000::1428:57ab
2001:0DB8:0:0:0:0:1428:57ab
2001:0DB8:0::0:1428:57ab
2001:0DB8::1428:57ab
```

IPV6 地址中也有一个特殊的环回地址,该地址是：：1。

2. 端口号

端口号(port)用于标识主机上的应用程序,端口号只是个标识符而已。如果把 IP 地址比作一栋楼,端口就是出入这栋楼中房子的门。一个 IP 地址的端口可以有 65 536

（即：2^{16}）个，端口是通过端口号来标记的，端口号是一个整数，范围为 0～65 535（2^{16-1}）。端口分为公认端口、注册端口和动态/私有端口，它们的分布范围如下。

公认端口（WellKnownPorts）：0～1023。这些端口号紧密绑定（binding）到一些服务。例如，FTP 服务端使用 21 端口，TELNET 服务端使用 23 端口。

注册端口（RegisteredPorts）：1024～49 151。这些端口号松散地绑定到一些服务。

动态或私有端口（DynamicandorPrivatePorts）：49 152～65 535。

开发人员可以使用的端口号为 1024～65 535 中没有被其他应用占用的端口号。

3. 通信协议

通信协议是为了使网络设备之间能够成功的发送和接收信息而制定和遵守的语言和规范，与网络编程相关的协议主要是 TCP 与 UDP。

TCP（transmission control protocol，传输控制协议）是一种面向连接（连接导向）的、可靠的、基于字节流的传输层通信协议。特点是面向连接的协议，由于数据传输前必须先要建立连接，因此，使用 TCP 传送数据需要连接与维护连接的时间，传输速度慢。主机之间或主机与设备之间一旦建立连接，双方可以按统一的格式传输数据。TCP 是一个可靠的协议，能确保接收方完全正确地获取发送方所发送的全部数据，但 TCP 传输数据包大小受限制。

UDP（user datagram protocol，用户数据报协议）是 TCP/IP 模型中一种面向无连接的传输层协议，提供面向事务的简单不可靠信息传送服务。UDP 的特点是每个数据报中都给出了完整的地址信息，因此不需要建立发送方和接收方的连接，传输不可靠，但传输速度快。UDP 传输数据时有大小限制，每个被传输的数据包必须限定在 64KB 之内。UDP 发送方所发送的数据包并不一定以相同的次序到达接收方。

9.1.3　Socket 编程

网络编程也称为 Socket 编程，要学好 Socket 编程，必须弄明什么是 Socket，Socket 提供了哪些方法，这些方法如何使用。

1. Socket 简介

Socket 的英文原意是"孔"或"插座"。在 Socket 编程中通常也被称为"套接字"，用于描述 IP 地址、端口号与协议，是一个通信连接句柄（引用），用于标识网络中的一个应用程序。IP 层的 IP 地址可以唯一标识一台主机，而 TCP 层和端口号可以唯一标识主机中的一个应用，这样，就可以利用"IP 地址＋协议＋端口号"唯一标识网络中的一个应用程序，这个标识就是 Socket。有了 Socket 后，可以利用 Socket 进行通信。因此，Socket 是在应用层和传输层之间的一个抽象，它把 TCP/IP 层复杂的操作抽象为一些简单的接口供应用层调用来实现应用程序在网络之间的相互通信。

2. Socket 网络编程的流程

在网络编程中，Socket 是实现 TCP 与 UDP 的接口，用于 TCP 与 UDP 的通信。其实,Socket 是为网络服务提供的一种机制,通信的两端都是使用 Socket 向网络发出请求或者应答网络请求,网络通信其实就是 Socket 间的通信,通信的数据在两个 Socket 间通过 I/O(input/output)来传输。

1) TCP 通信流程

TCP 编程分为服务端与客户端,一个服务端可以有多个客户端,客户端之间的通信要依靠服务端来中转。

TCP 的通信流程如图 9.1 所示。

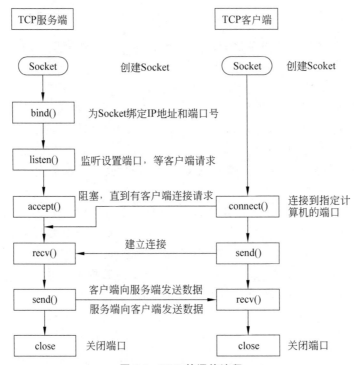

图 9.1 TCP 的通信流程

TCP 通信流程描述如下。

(1) 服务端根据 IP 地址类型(IPv4 或 IPv6)、Socket 类型与协议创建 Socket。且为 Socket 绑定 IP 地址与端口号。

(2) 服务端 Socket 监听端口号请求,随时准备接收客户端发过来的连接请求。注意,此时服务端的 Socket 并没有被打开。

(3) 客户端创建 Socket。

(4) 客户端打开 Socket,根据服务端 IP 地址和端口号连接服务端的 Socket。

(5) 服务端 Socket 接收到客户端 Socket 请求,被动打开,开始接收客户端请求,直到客户端返回连接信息,此时 Socket 进入阻塞状态,阻塞即 accept 方法一直到客户端返回连接信息后才返回,开始接收下一个客户端的请求。

(6) 客户端连接成功,向服务端发送连接状态信息。

(7) 服务端 accept 方法返回,连接成功。

（8）客户端向 Socket 写入信息。

（9）服务端读取信息。

（10）关闭客户端，再关闭服务端。

2）UDP 的通信流程

用 UDP 编程，只有发送端和接收端，发送端发送数据，接收端接收数据，因此，UDP 编程是一种应用到应用的通信机制。

3. socket 方法

在 Python 中，实现网络编程主要用到 Socket 模块，Socket 模块提供了许多类方法和实例方法供编程人员调用。要使用 Socket 模块中的方法，需要导入 Socket 模块。

1）与主机名和 IP 地址相关的常用方法

（1）gethostname()

作用：获取主机名。

（2）gethostbyname("hostname")

作用：通过主机名获取网络中相应主机的 IP 地址，如果是 localhost，获取本机 IP 地址，一般输出的是本机测试 IP 地址。

（3）inet_aton('IP')

作用：将十进制 IP 地址格式转换成二进制 IP 地址形式。

（4）inet_pton(family_address,'IP')

作用：同 inet_aton，family_address 参数代表转换的地址是 IPv4 地址还是 IPv6 地址。如果是 AF_INET 就表示 IPv4 地址，如果是 socket.AF_INET6 就表示 IPv6 地址。

请看如下示例：

```
import socket
hostname=socket.gethostname()
print(hostname)
ip=socket.gethostbyname("localhost")
print(ip)
print(socket.inet_aton('192.168.0.1'))
print(socket.inet_pton(socket.AF_INET6,'::1'))
#输出结果为
DESKTOP-9M6BT5E
127.0.0.1
b'\xc0\xa8\x00\x01'
b'\x00\x00\x00\x00\x00\x00\x00\x00\x00\x00\x00\x00\x00\x00\x00\x01'
```

2）Socket 函数

格式：

```
Socket(family_address,type, protocol)
```

作用：创建 Socket 套接字。

说明：family_address 是地址簇，主要用于设置通信的地址格式，具体取值可以是 AF_INET IPv4（默认）、AF_INET6（IPv6 地址）与 AF_UNIX（只能够用于单一的 UNIX 系统进程间通信）。

type 是类型参数，用于指定数据包的格式，常规设置可以是 SOCK_STREAM（默认，流式 Socket，用于 TCP）或 SOCK_DGRAM（数据报式 socket，用于 UDP）。

protocol 是指定协议，默认设置是 0，该参数是与特定的地址家族相关的协议，如果是 0，系统就会根据地址格式和套接类别自动选择一个合适的协议。见如下示例：

```
from socket import *
HOST='192.168.0.1'                  #接收端主机的 IP 地址
PORT=9999                           #接收端应用的端口号
s=socket(AF_INET,SOCK_DGRAM)        #地址格式为 IPv4,数据格式为数据报,UDP
```

3）Socket 对象的方法

（1）bind(address)

作用：服务端方法，将套接字绑定到地址。地址（address）的格式取决于地址族。在 AF_INET 下，以元组（host,port）的形式表示地址。

（2）listen(backlog)

作用：服务端方法，开始监听传入的连接。backlog 指定最大等待的连接数量，默认为 5。但服务端响应连接是用一个列队来维护的，服务端只响应队列中最前面的连接，如果把队列中前一个连接关闭，服务端响应第二个客户端的请求，注意，这个值不能无限大。

（3）Setblocking(bool)

作用：设置是否阻塞（默认 True），如果设置为 False，accept 和 recv 方法一旦没有接收到数据，就报错。

（4）accept()

作用：服务端方法，接收连接并返回（conn,address）。其中，conn 是客户端的套接字对象，可以用来接收和发送数据；address 是客户端的地址。该方法接收 TCP 客户的连接（阻塞式），等待连接的到来。

（5）connect(address)

作用：客户端方法，连接到服务端的 address 处的套接字。通常 address 的格式为元组（IP,port）。如果连接出错，返回 socket.error 错误。

（6）connect_ex(address)

作用：同上，但会有返回值，连接成功时返回 0，连接失败返回错误编码，如 10061。

（7）recv(bufsize[,flag])

作用：接收套接字的数据。数据以字节形式返回，bufsize 指定最多可以接收的字节数。flag 提供有关消息的其他信息，通常可以忽略。

注意：recv 不能接收空数据（如回车符），如果是空数据，recv 方法就一直处理阻塞状态。

(8) recvfrom(bufsize[,flag])

作用：与 recv()类似，但返回值是(data,address)。其中 data 是包含接收数据的字节数据，address 是发送数据的套接字地址，由 IP 地址和端口号组成。

(9) send(data[,flag])

作用：将 data 中的数据发送到连接的套接字。返回值是要发送的字节数量。

(10) sendall(data [,flag])

作用：将 data 中的数据发送到连接的套接字，但在返回之前会尝试发送所有数据。成功返回 None，失败则抛出异常。

(11) sendto(data [,flag],address)

将数据发送到套接字，address 是形式为(ip,port)的元组，指定远程地址。返回值是发送的字节数。该函数主要用于 UDP。

(12) settimeout(timeout)

作用：设置套接字操作的超时时间，timeout 是一个浮点数，单位是秒(s)。值为 None 表示没有超时期。一般，超时期应该在刚创建套接字时设置，因为它们可能用于连接的操作(如 client 连接最多等待 5s)。

(13) getpeername()

作用：返回连接套接字的远程地址。返回值通常是元组(ipaddr,port)。

(14) getsockname()

作用：返回套接字自己的地址。通常是一个元组(ipaddr,port)。

(15) fileno()

作用：获得套接字的文件描述符。

9.1.4　Socket 编程实例

1. Socket 的 UDP 编程

示例：用 UDP 编程，发送端输入发送数据后向接收端发送，接收端要输出接收到的数据，且输出发送端的 IP 地址与端口号，同时向发送端发送 this is receiver host。接收端与发送端的程序代码如下：

```
#发送端
from socket import *
HOST='127.0.0.1'              #接收端主机的 IP 地址
PORT=9999                     #接收端应用的端口号
s=socket(AF_INET,SOCK_DGRAM)
s.connect((HOST,PORT))
print(s.connect((HOST,PORT)))
while True:
    message=input('send message:>>')
```

```
    if message=="exit":
        break
    s.send(bytes(message,"utf8"))
    data=s.recv(1024)
    print(str(data,"utf8"))
s.close()
```

```
#接收端
from socket import *
HOST='127.0.0.1'                  #接收端主机的 IP 地址
PORT=9999                         #接收端应用的端口号
s=socket(AF_INET,SOCK_DGRAM)      #由于数据采用 SOCK_DGRAM,协议为 UDP
s.bind((HOST,PORT))
print('waiting for message.')
message='this is receiver host'
while True:
    data,address=s.recvfrom(1024)
    print(str(data,"utf8"),address )
    s.sendto(bytes(message,"utf8"),address)
s.close()
```

2. Socket 的 TCP 编程

示例：用 TCP 编写一个简单的服务端与一个客户端聊天的程序,实现客户端与服务端一问一答式聊天,如果客户不想聊天了,输入 exit 退出客户端。服务端与客户端的程序代码如下：

```
#客户端
import socket
client_socket=socket.socket()       #创建客户端 socket
address=('127.0.0.1',8000)          #服务程序的连接地址
client_socket.connect(address)
while 1:
    client_message=input('>>>>')
    if  client_message=="exit":
        break
    client_socket.send(bytes(client_message,'utf8'))
    service_message=client_socket.recv(1024)
    print(str(service_message,'utf8'))
    client_socket.close()
```

```
#服务端
import socket
ip="127.0.0.1"                              #服务端主机 IP 地址,此处使用 localhost 主机
port=8000                                   #自定义的端口号
address=(ip,port)
ser_socket=socket.socket(socket.AF_INET,socket.SOCK_STREAM)
                                            #创建服务端 socket
ser_socket.bind(address)                    #把 IP 地址与端口号绑定到 ser_socket
ser_socket.listen()
print("waitting for you.")
conn,addr=ser_socket.accept()
#接收客户端连接,返回客户端的 socket 与客户端连接地址(IP 地址+端口号)
while 1:
    client_message=conn.recv(1024)
    #接收客户采用 send 方法发送的数据,该方法是个阻塞方法
    print(str(client_message,'utf8'))
    service_message=input('>>>>')
    conn.send(bytes(service_message,'utf8'))
conn.close()
```

注意：recv 不能接收空数据,如回车符,recv 方法就一直处理阻塞状态。

如果允许多个客户端与服务端聊天,那该如何编写服务端呢?

```
#服务端
import socket
ip="127.0.0.1"                          #服务端主机 IP 地址,此处使用 localhost 主机
port=8000                               #自定义的端口号
address=(ip,port)
ser_socket=socket.socket(socket.AF_INET,socket.SOCK_STREAM) #创建 socket
ser_socket.bind(address)                #把 IP 地址与端口号绑定到 ser_socket
ser_socket.listen(3)
print("waitting for you.")
while 1:
    conn,addr=ser_socket.accept()
    #接收客户端连接,返回客户端的 socket 与客户端连接地址(IP 地址+端口号)
    while 1:
        client_message=conn.recv(1024)
        #接收客户采用 send 方法发送的数据,该方法是个阻塞方法
        print(str(client_message,'utf8'))
        service_message=input('>>>>')
        conn.send(bytes(service_message,'utf8'))
ser_socket.close()
```

另外,在聊天过程中,如果直接关闭聊天客户端,由于 client_message = conn.recv (1024)中的 conn 对象不存在就会报错,需要进行异常处理。处理方式如下:

下面程序代码是用 TCP 编写的服务端与客户端程序,理解 Socket 的使用方法。

```python
#客户端
import socket
ip_port=('127.0.0.1',8888)
sk=socket.socket()
sk.connect(ip_port)
sk.settimeout(10)
while True:
    data=sk.recv(1024)
    print('receive:',str(data,"utf8"))
    inp=input('please input:')
    sk.sendall(bytes(inp,"utf8"))
    if inp=='exit':
        break
    sk.close()
```

```python
#服务端
from socket import *
ip_port=('127.0.0.1',8888)          #服务端主机的 IP 地址与端口号
sk=socket(AF_INET,SOCK_STREAM)
sk.bind(ip_port)
sk.listen(5)                        #设置可同时监听连接数
while True:
    conn,address=sk.accept()
    print(conn,address)
    conn.sendall(bytes('欢迎致电 10086,请输入 1xxx,0 转人工服务!',"utf8"))
    Flag=True
    while Flag:
        data=conn.recv(1024)
        if str(data,"utf8")=='exit':
            Flag=False
        elif str(data,"utf8")  =='0':
            conn.sendall(bytes('你说的话可能会被全程录音',"utf8"))
        else:
            conn.sendall((bytes('请重新输入',"utf8")))
    conn.close()
```

9.2 Python 数据库编程

9.2.1 Python DB-API 简介

在 Java 中,访问数据库使用 JDBC 技术。JDBC 是 SUN 公司为了简化、统一对各种数据库的操作,定义的一套 Java 操作数据库的规范。简单地说,JDBC 定义了 Java 代码(程序)如何发送 SQL 语句。在 Python 的早期也采用了相似的方法,不同的数据库采用不同接口访问,如图 9.2 所示。

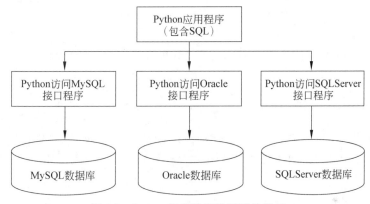

图 9.2 **Python 早期访问数据库的接口**

这种访问数据库的设计方式存在的主要问题有两点:一是数据库种类非常多,相应的接口非常混乱;二是由于各种数据库的接口实现各不相同,当项目需要更换数据库时,需要做大量的修改,非常不便。

为了解决上述问题,Python 官方推出了 Python DB-API 数据接口规范,该规范定义了一系列访问数据库的对象和数据库存取的方式,为各种各样的底层数据库系统和多种多样的数据库接口程序提供一致的访问接口。由于 Python DB-API 为不同的数据库提供了一致的访问接口,在不同的数据库之间移植代码变得非常简单与轻松。Python 所有的数据库接口程序在一定程度上遵循 Python DB-API 规范。实现了 Python DB-API 接口后,在 Python 中访问数据库的方法如图 9.3 所示。开发者只要学习了 API,就可以少量的代码修改为代价进行不同数据库的切换。因此,Python 中数据库编程就是 Python DB-API 编程。

9.2.2 Python DB-API 的组成与编程流程

1. Python DB-API 的组成

Python DB-API 中主要包括数据库连接对象 connection,数据库交互对象 cursor 和数据库异常类 exceptions 3 个重要的对象。connection 对象用于管理 Python 程序与数

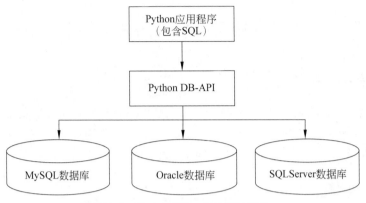

图 9.3　Python DB—API 接口实现

据库的连接,cursor 对象用于存放执行 SQL 语句返回的数据,exceptions 为数据操作引发异常的对象。

2. Python DB-API 编程流程

对数据编程主要就是对数据库中数据进行增加、删除、查询、修改操作,增加、删除、修改操作与查询操作有一些细微的区别,数据增加、删除、修改编程流程如图 9.4 所示。

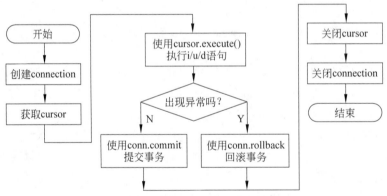

图 9.4　数据增加、删除、修改编程流程

如果是查询数据,编程流程如图 9.5 所示。

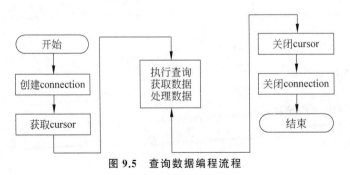

图 9.5　查询数据编程流程

9.2.3　MySQL 数据库编程

在 Python 中可以实现各种数据库的编程,不同的数据库需要不同的模块,由于这些模块在 Python 的内置模块中没有,因此,针对具体的数据库编程需要安装与导入不同的模块,MySQL 的模块是 pymsql,Oracle 的模块是 cx_Oracle,SQL Service 的模块是 pymssql。模块的安装方法与导入方法相同。本节以 MySQL 数据库编程为例介绍数据库编程方法。

1. PyMySQL 模块的安装及模块的方法

Python 中要使用 MySQL 的模块,需要从 Python 的官网下载与安装,安装方法是 pip3 install pymysql。安装后需要导入该模块。

该模块的方法主要是 connect 方法,该方法用于创建 Python 程序(客户端)与数据库的连接。连接数据库时需要设置连接参数。

格式:

```
pymysql.connect()
```

参数说明:

host(str)　　　　MySQL 服务器地址
port(int)　　　　MySQL 服务器端口号
user(str)　　　　用户名
passwd(str)　　　密码
db(str)　　　　　数据库名称
charset(str)　　　连接编码

connect 对象支持的方法如表 9.1 所示。

表 9.1　connect 对象支持的方法

序号	方　　法	作　　用
1	cursor()	使用该连接创建并返回游标
2	commit()	提交当前事务
3	rollback()	回滚当前事务
4	close()	关闭连接

cursor 对象支持的方法如表 9.2 所示。

表 9.2　cursor 对象支持的方法

序号	方法	作　　用
1	execute(op)	执行一个数据库的操作命令
2	fetchone()	获取结果集的下一行

序号	方法	作　　用
3	fetchmany(size)	获取结果集的下几行
4	fetchall()	获取结果集中的所有行
5	rowcount()	返回数据条数或影响行数
6	close()	关闭游标对象

2. 对 MySQL 数据库的增加、删除、查询、修改

本节使用的数据库是 mysqltest 数据库,在该数据库中有 employee 表与 users 表,在 employee 表中存放了以下员工的信息,users 表中存放用户信息,信息如图 9.6 所示。

id	name	gender	birthday	salary
1	张三	男	0000-00-00	8000
2	李四	女	0000-00-00	6000
3	王五	女	0000-00-00	9000
4	赵六	男	0000-00-00	9000

id	name	secret
1	chenzhen	chenzh
2	lili	lili12

图 9.6　mysqltest 数据库中的表

在此,用 Python 编写客户端程序,对该数据库中的数据进行增加、删除、查询、修改操作。

(1) 查询数据的实现。

```python
import pymsql
#建立与数据库服务器的连接
conn=pymysql.connect(host='localhost',        #MySQL 数据库服务器所在的主机名
                     user='root',             #登录 MySQL 数据库服务器的用户
                     password='root',         #登录 MySQL 数据库服务器的用户密码
                     port='3306',             #MySQL 数据库服务器的端口号
                     db='test',               #指定 MySQL 服务器的数据库
                     charset='utf8')          #指定连接采用的编码

cursor=conn.cursor()                          #创建一个游标
sql="select * from employee"                  #查询数据
result=cursor.execute(sql)                    #执行 sql 语句
print(result)                                 #查询所有数据,返回结果默认以元组形式
for i in cursor.fetchall():                   #元组数据可以进行迭代处理
    print(i)
print('共查询到:', cursor.rowcount, '条数据。')
result_1=cursor.fetchone()                    #获取第一行数据
print(result_1)
result_3=cursor.fetchmany(3)                  #获取前 n 行数据
print(result_3)
```

```
cursor.close()                              #关闭游标
conn.close()                                #关闭连接
```

（2）增加数据的实现。

```
import pymsql
#增加数据、数据直接写在 sql 后面

#建立与数据库服务器的连接
conn=pymysql.connect(host='localhost',      #MySQL 数据库服务器所在的主机名
                    user='root',            #MySQL 登录数据库服务器的用户
                    password='root',        #登录 MySQL 数据库服务器的用户密码
                    port='3306',            #MySQL 数据库服务器的端口号
                    db='test',              #指定 MySQL 服务器的数据库
                    charset='utf8')         #指定连接采用的编码

cursor=conn.cursor()                        #创建一个游标
sql="insert into employee(id,NAME,gender,birthday,salary) values(%s, %s, %s,
%s,%s)"                                     #注意是%s,不是 s%
cursor.execute(sql, ['5', '刘华', '男','2008-05-21',7800])  #列表格式数据
cursor.execute(sql, ('6', '胡迷', '女', '2009-03-03',6500)  #元组格式数据
#数据单独赋给一个对象
sql="insert into maoyan_movie values(%s,%s,%s,%s,%s)"
data=('7', '超人', '男', '2007-08-08',10000)
cursor.execute(sql, data)   #sql 和 data 之间以","隔开
sql="insert into maoyan_movie values(%s,'%s','%s',%s)"
data=(102, '铁蛋超人', '上映时间:2019-01-21', 9.5)
cursor.execute(sql %data)   #sql 和 data 之间以%隔开,此时它的 sql 中要给中文字符
                            #对应的占位符加上引号,即"%s",否则会报错 ValueError:
                            #unsupported format character
conn.commit()               #提交,否则无法保存增加或者修改的数据(这个一定不要忘
                            #记加上)
cursor.close()              #关闭游标
conn.close()               #关闭连接
```

（3）修改数据的实现。

```
import pymsql
#建立与数据库服务器的连接
conn=pymysql.connect(host='localhost',      #MySQL 数据库服务器所在的主机名
                    user='root',            #登录 MySQL 数据库服务器的用户
                    password='root',        #登录 MySQL 数据库服务器的用户密码
```

```
                    port='3306',              #MySQL 数据库服务器的端口号
                    db='test',                #指定 MySQL 服务器的数据库
                    charset='utf8')           #指定连接采用的编码

cursor=conn.cursor()                          #创建一个游标
#修改数据
sql="update employee set salary='%s' where name=%s"
#注意%s什么时候加引号,什么时候不加
data=(12000,'张三')
cursor.execute(sql %data)

sql="update employee set salary=%s where name=%s"
data=(9000,"王五")
cursor.execute(sql, data)
conn.commit()                                 #提交,否则无法保存插入或者修改的数据
cursor.close()                                #关闭游标
conn.close()                                  #关闭连接
```

（4）删除数据的实现。

```
import pymsql
#建立与数据库服务器的连接
conn=pymysql.connect(host='localhost',        #MySQL 数据库服务器所在的主机名
                    user='root',              #登录 MySQL 数据库服务器的用户
                    password='root',          #登录 MySQL 数据库服务器的用户密码
                    port='3306',              #MySQL 数据库服务器的端口号
                    db='test',                #指定 MySQL 服务器的数据库
                    charset='utf8')           #指定连接采用的编码
cursor=conn.cursor()                          #创建一个游标
#删除数据
sql="delete from employee where id=%s"
data=(1)
cursor.execute(sql, data)
conn.commit()                                 #提交,否则删除操作不生效
cursor.close()                                #关闭游标
conn.close()                                  #关闭连接
```

9.2.4   Python DB-API 中常见的异常

Python DB-API 中定义了一些数据库操作的错误及异常,表 9.3 列出了常见的异常类型。

表 9.3　Python DB-API 中常见的异常类型

序号	异　　常	描　　　述
1	Warning	当有严重警告时触发,例如插入数据被截断等,是 StandardError 的子类
2	Error	警告其他所有错误类,是 StandardError 的子类
3	InterfaceError	数据接口本身错误触发,是 Error 的子类
4	DatabaseError	数据库有关的错误触发,是 Error 的子类
5	DataError	数据处理发生错误时触发(除零错误、数据超范围等),是 DatabaseError 的子类
6	OperationError	非用户控制的操作数据库时发生的错误(连接意外断开、数据库名未找到、事务处理失败、内存分配错误等),是 DatabaseError 的子类
7	IntegrityError	完整性相关的错误(外键检查失败等),是 DatabaseError 的子类
8	InternalError	数据库内部错误(游标失效、事务同步失败等),是 DatabaseError 的子类
9	Paramgramming	程序错误(数据表没找到/已存在、SQL 语法错误、参数数量错误等),是 DatabaseError 的子类
10	NotSupportedError	不支持错误,使用了数据库不支持的函数或者 API 等(使用.rollback()但是数据库不支持事务),是 DatabaseError 的子类

9.3　小　　结

本章介绍了网络编程与数据库编程。网络编程也称为 Socket 编程,是利用编写的程序实现计算机与计算机之间的数据传输。

网络通信的三要素是 IP 地址、端口号与通信协议。IP 地址用于标识一台计算机或设备的地址,由"主机号＋网络号"组成,网络号用于标识主机所在的网络,主机号用于标识主机在网络中的位置。端口号用于标识主机上的应用程序。通信协议是为了使网络设备之间能够成功地发送和接收信息而制定和遵守的语言和规范,与网络编程相关的协议主要是 TCP 与 UDP。

在网络编程中,Socket 是实现 TCP 与 UDP 的接口,用于 TCP 与 UDP 的通信。网络通信其实就是 Socket 间的通信,通信的数据在两个 Socket 间通过 I/O 来传输。

Python 官方推出了 Python DB-API 数据接口规范,该规范定义了一系列访问数据库的对象和数据库存取方式,为各种各样的底层数据库系统和多种多样的数据库接口程序提供一致的访问接口。

在 Python 3 中,针对具体的数据库编程需要安装与导入不同的模块。模块的安装方法与导入方法相同。对数据编程主要就是对数据库中数据进行增加、删除、查询、修改操作,对增加、删除、修改操作与查询操作流程基本相同。

9.4 练 习 题

1. 简答题

（1）网络通信的三要素是什么？

（2）简述 socket TCP 网络编程的流程。

（3）简述 Python 对数据库的访问流程。

2. 编程题

（1）编写一个简单的聊天程序。

## 第 10 章

异常及异常处理

导读

异常是指程序运行过程中出现的非正常现象,例如,用户输入错误、需要读写的文件不存在等都会导致异常。异常机制已经成为衡量一门编程语言是否成熟的标准之一,在Python中使用异常处理机制的程序有更好的容错性,更加健壮。对于一个程序设计人员来说,需要尽可能预知所有可能发生的情况,尽可能保证程序在异常情形下也都可以运行。异常处理是指处理程序运行时出现非正常情况或异常情况的方法。本章介绍Python中异常种类与异常处理方法。

10.1　异　　常

10.1.1　异常的定义与格式

异常就是程序运行时发生错误的信号。在 Python 中,错误触发的异常数据格式如图 10.1 所示。格式数据由 4 部分组成:①错误的跟踪信息;②导致异常的错误代码;③异常的名称,它是一个由类创建的对象,由异常触发时自动创建,在对象中封装了异常的全部信息;④提示信息。

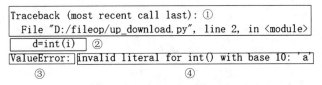

```
Traceback (most recent call last): ①
  File "D:/fileop/up_download.py", line 2, in <module>
    d=int(i)  ②
ValueError: invalid literal for int() with base 10: 'a'
   ③                    ④
```

图 10.1　错误触发的异常数据格式

10.1.2　异常的种类

在 Python 中,不同的异常可以用不同的类型(Python 中统一了类与类型,类型即类)去标识,不同的类对象标识不同的异常,一个异常标识一种错误。表 10.1 列出了 Python中常用的异常类。

表 10.1   Python 常用的异常类

序号	异　　常	说　　明
1	AttributeError	试图访问一个对象没有的字段,例如 A.x,但是对象 A 没有字段 x
2	IOError	输入输出异常。基本上是由于无法打开文件而导致
3	ImportError	无法引入模块或包。基本上是由路径问题或包名称错误而导致
4	IndentationError	语法错误(的子类)。基本上由于代码没有正确对齐而导致
5	IndexError	下标索引超出序列边界,例如,当 x 只有 3 个元素,却试图访问 x[5]
6	KeyError	试图访问字典里不存在的键
7	NameError	使用一个还未被赋予对象的引用
8	SyntaxError	Python 代码非法,代码不能编译
9	TypeError	传入对象类型与要求不符合
10	UnboundLocalError	访问一个还未被设置的局部变量,基本上是由于有另一个同名的全局变量而导致
11	ValueError	传入一个调用者不期望的值,即使值的类型是正确的

10.2   异 常 处 理

在 Python 中运行程序时,Python 解释器一旦检测到错误,就会触发异常(也允许程序员自己触发异常)。为了处理异常,程序员就要编写特定的代码,专门用来捕捉异常(这段代码与程序逻辑无关,与异常处理相关)。如果捕捉成功,Python 解释器则执行异常的处理代码,这就是异常处理。在 Python 中,解释器一旦检测到了一个错误,就会触发异常,异常触发后如果没被人为处理的情况下,程序就在当前异常处终止,后面的代码不会再运行,任何用户都不会去用一个运行突然就崩溃的软件。因此,程序员必须提供一种异常处理机制来增强程序的健壮性与容错性。良好的容错能力,能够有效地提高用户体验,维持业务的稳定性。

程序运行中的异常可以分为语法错误和逻辑错误两类。语法错误跟异常处理无关,所以在处理异常之前,必须避免语法上的错误。

10.2.1   异常处理的方式

在没有学异常处理方式前,异常处理通常采用 if 语句。平时用 if 做的一些简单的异常处理方式,见如下示例:

```
num1=input('>>: ')       #原本要输入一个数字字符串,但可能输入一个非数字串
if num1.isdigit():
    int(num1)            #主要逻辑写在这里,其余都属于异常处理部分
```

```
elif num1.isspace():
    print('输入的是空格,就执行这里的逻辑')
elif len(num1)==0:
    print('输入的是空,就执行这里的逻辑')
else:
    print('其他情况,执行这里的逻辑')
```

使用 if 判断可以异常处理,但是 if 判断的异常处理只能针对某一段代码,对于不同的代码段的相同类型的错误需要写重复的 if 来进行处理。如果在程序中频繁地使用 if 语句处理异常,且处理的代码本身与程序的功能逻辑无关,就会导致程序的可读性变差,因此,编程人员通常不会采用该种异常处理方式。Java、C♯等面向对象程序设计语言都提供了异常处理的机制,Python 一样也有自己的异常处理机制。该机制使用"try:"捕捉异常,except 异常类型: 后放置异常处理的代码。在 Python 中的异常处理的方法如下。

1. 基本语法

```
try:
    #被检测的代码块
exception 异常类型:
    #try 中一旦检测到异常,就执行该位置的业务逻辑
```

说明：try 后放的是可能产生异常的代码,exception 后放的是处理异常的代码。

2. 单分支异常处理

见如下示例：

```
#单分支只能用来处理指定的异常,如果存在其他不能捕获的异常,程序也会报错
try:
    a
except NameError as e:    #此处可以使用 except 与 as+变量名搭配使用,打印变量名会直
                          #接输出报错信息
    print(e)              #name 'a' is not defined
```

3. 多分支异常处理

见如下示例：

```
l1=[('计算机',5999),('鼠标',68),('手机',4999)]
while 1:
    for key,value in enumerate(l1,1):
        print(key,value[0])
    try:
```

```
            num=input('>>>')
            price=ll[int(num)-1][1]
    except ValueError:           #输入非数字异常处理代码
        print('请输入一个数字')
    except IndexError:           #输入>3的数字异常处理代码
        print('请输入一个有效数字')
```

这样异常处理方式使得代码更人性化。但这种异常处理方式需要注意一个问题,异常对象必须从小到大排列。

4. 万能异常

在 Python 的异常中,有一个万能异常 Exception,可以捕获任意异常。见如下示例:

```
try:
    a
except Exception as e:
#此处可以使用 except 与 as+变量名搭配使用,打印变量名会直接输出报错信息
    print(e)    #name 'a' is not defined
```

如果程序要对不同的异常需要定制不同的处理逻辑,那就需要用到多分支了。程序员通常喜欢使用"多分支＋万能异常"来处理异常,这样使用多分支优先处理一些能预料到的错误类型,一些预料不到的错误类型应该被最终的万能异常捕获。需要注意的是,万能异常一定要放在最后,否则就没有意义了。见示例:

```
try:
#首先在此写下面 2 行代码运行程序,异常处理时会输出 IndexError: list index out
#of range
    #li=[0,1,2]
    #ll=li[3]
#接着在此写下面 1 行代码运行程序,异常处理时会输出 ValueError: invalid literal for
#int() with base 10: 'I am a student!'
#int("I am a student!")
#首先在此写下面 2 行代码运行程序,异常处理时会输出 Exception: name 'a' is not defined
    print(a)
except IndexError as e:
    print("IndexError:",e)
except ValueError as e:
    print("ValueError:",e)
except Exception as e:
    print("Exception:",e)
```

从上面可以看出,不同的异常由不同对象处理,由于前两个异常不能捕捉NameError异常就由万能异常 Exception 处理。

5. try…else 语句

见下面程序代码：

```
try:
    for i in range(10):
        int(i)
except IndexError as e:
    print(e)
else:
    print('***********')
```

该语句的执行流程：如果 try 中的语句出现异常，就执行异常处理代码，如果 try 语句中的代码没有异常，被完整地执行完，就执行 else 中的代码。

6. try…finally 语句

见下面的程序代码：

```
try:
    for i in range(10):
        int(i)
except IndexError as e:
    print(e)
else:
    print('没有异常执行 else 后面的代码')
finally:
    print('finally 被执行了')
```

在上述代码中，不管 try 语句中的代码是否报错，都会执行 finally 分支中的代码。

10.2.2　主动异常、自定义异常与断言

1. 主动异常

在程序开发时，如果满足特定业务需求时希望抛出异常就可以使用主动异常，主动异常是编程人员在 try 的代码块中用 raise 抛出异常。主动异常的实现分为两步：第一步是创建 Exception 对象，第二步是使用 raise 抛出异常对象，见下面的程序代码：

```
try:
    raise Exception("我要主动抛出异常")    #创建 Exception 对象,然后用 raise 抛出异
                                          #常对象
except Exception as e:
    print(e)                             #我要主动抛出异常
```

下面的程序代码是提示用户输入密码,如果长度大于或等于 8 个字符就输出密码,如果长度小于 8 个字符就抛出异常。

```python
def input_password():
    pwd=input("请输入密码:")
    #判断密码长度,如果长度>=8,返回用户输入的密码
    if len(pwd) >=8:
        return pwd
    else:
    #密码长度不够,需要抛出异常
    #创建异常对象,使用异常的错误信息字符串作为参数
        ex=Exception("密码长度不够")
    #抛出异常对象
    raise ex
try:
    user_pwd=input_password()
    print(user_pwd)
except Exception as result:
    print("发现错误:%s" %result)
```

程序开发人员有一种较常见的应用场景就是在软件的安装程序中识别操作系统,如果是安装相应的软件的操作系统就安装,如果不是安装相应的软件的操作系统就主动异常。要实现这样的功能只需在安装程序前写上如下代码:

```python
import sys
if sys.platform !="win32":
    raise Excetion("操作系统为非 Windows 系统,不能安装该软件")
pass        #后续安装代码。
```

2. 自定义异常

自定义异常实际上就定义一个异常类。只是这个类要继承 BaseException 或 Exception。见如下示例:

```python
class EvaException(BaseException):        #也可以继承 Exception
    def __init__(self,msg):
        self.msg=msg
    def __str__(self):
        return self.msg

try:
    raise EvaException('类型错误')
except EvaException as e:
    print(e)
```

下面程序是模拟 QQ 上线的时候，如果没有插上网线，就抛出一个没有插上网线的异常；如果已经插上了网线，就正常显示好友列表。

```python
class NoIpException(BaseException):    #也可以继承 Exception
    def __init__(self, msg):
        self.msg=msg
    def __str__(self):
        return self.msg

friend_list=[("家人", "7456789"), ("朋友", "1111111"), ("同学", "2222222") ]
ip="192.168.0.0"                      #如果此语句改为 ip=None 就会抛出异常
try:
    if ip==None:
        raise NoIpException('没有插入网线')
except NoIpException as e:
    print(e)
else:
    print("************好友列表************")
    for key, value in enumerate(friend_list, 1):
        print(key, value[0], ">>>>>>>>>>>>>>>>>>", value[1])
```

3. 断言

断言的格式：

```
assert 表达式 [, 参数]
```

assert 断言是声明其布尔值必须是 True 的判定，如果发生异常就说明表达式为 False。可以理解 assert 断言语句为 raise-if-not，用来测试表示式，其返回值为 False，就会抛出异常。

参数就是在断言表达式后添加字符串信息，用来显示断言的提示信息。

例如：assert len(lists) >=5,'列表元素个数小于 5'，如果列表 lists 的元素个数小于 5 就抛出异常，且显示'列表元素个数小于 5'的提示信息。

又如 assert sys.platform == "Linux",'非 Linux 操作系统'，如果运行的机器的操作系统不是 Linux 就会抛出异常，且显示'非 Linux 操作系统'的提示信息。

10.3　小　　结

本章介绍了 Python 的异常与异常处理。异常是指程序运行过程中出现的非正常现象。

在 Python 中运行程序时，Python 解释器一旦检测到错误，就会触发异常，也允许程序员在编写的各班台自己触发异常。

Python 中的异常有主动异常、自定义异常与断言。

10.4 练 习 题

1. 判断题

(1) 程序中异常处理结构在多数情况下是没必要的。   （   ）

(2) 在 try…except…else 结构中,如果 try 块的语句引发了异常则会执行 else 块中的代码。   （   ）

(3) 异常处理结构中的 finally 块中代码仍然有可能出错从而再次引发异常。

（   ）

(4) 多分支异常处理时,异常对象必须从小到大排列。   （   ）

(5) 主动触发异常就是编程人员在 try 的代码块中用 raise 来抛出异常。 （   ）

2. 编程题

(1) 编写程序接收用户输入的分数信息,如果分数为 0~100,输出成绩;如果成绩不在该范围内,则抛出异常信息,提示分数 0~100。

(2) 编程模拟 QQ 上线,如果没有插上网线,就抛出一个没有插上网线的异常,如果已经插上了网线,就正常显示好友列表。

第 11 章

GUI 编 程

导读

与其他程序设计语言一样,Python 也支持图形用户界面(graphics user interface, GUI)编程。GUI 即应用程序提供给用户操作应用程序的图形用户界面,包括窗口、菜单、工具栏及其他多种图形用户界面的元素,如标签、文本框、按钮、列表框、对话框等,它能使应用程序显得更加友好。本章介绍 GUI 库包含的组件、容器,以及容器对组件布局的方法和各组件的使用方法。

11.1 tkinter 模块与 ttk 模块

11.1.1 tkinter 模块

tkinter 使用简单,是 Python 自带的用于编辑 GUI 的模块。tkinter 模块("Tk 接口")是 Python 的标准 Tk GUI 工具包的接口。使用 tkinter 进行 GUI 编程,可以用作画过程来说明:

大家都看到过美术生写生的情景,首先要支一个画架,放上画板,蒙上画布,构思内容,用铅笔画草图,组织结构和比例,调色板调色,最后用画笔勾勒。如果把作画场景对应到 tkinter 的 GUI 编程,那么显示屏就是支起来的画架,根窗体(也称为顶层窗体)就是画板,画布就是 tkinter 中的容器(Frame),画板上可以放很多张画布(Convas),tkinter 的窗体中也可以放很多个容器,绘画中的构图布局则是 tkinter 中的布局管理器(几何管理器),绘画的内容就是 tkinter 中的一个个组件,一幅画由许多元素构成,而 GUI 就是用一个个组件拼装起来的界面。

tkinter 支持 16 个核心的窗口部件,用相应的类来描述,这 16 个核心窗口部件类简要描述如下。

Canvas:画布,用于组织图形。在画布上可以绘制图表和图,创建图形编辑器,实现定制窗口部件。

Frame:一个容器窗口部件,可以有边框和背景,当创建一个应用程序或对话框时,被用来组织其他的窗口部件。

Label：标签，用于显示一个文本或图像。

Button：命令按钮，用来执行一个命令或其他操作。

Radiobutton：单选按钮，代表一个变量，它可以有多个取值。单击它将为这个变量设置值，并且清除与这同一变量相关的其他 Radiobutton。

Checkbutton：复选按钮，也代表一个变量，它有两个不同的值，一个为多选按钮选中时的值，一个为非选中时的值，单击多选框将会在这两个值之间切换。

Entry：文本输入域，用于输入单行文体。

Text：格式化文本显示。允许用不同的样式和属性来显示和编辑文本。同时支持内嵌图像和窗口。

Listbox：列表框，用于显示供选方案的一个列表。Listbox 能够被配置来得到 Radiobutton 或 Checklist 的行为。

Menu：菜单条，用来实现下拉和弹出式菜单。

Menubutton：菜单按钮，用来实现下拉式菜单。

Message：显示文本。类似 Label 窗口部件，但是能够自动地调整文本到给定的宽度或比率。

Scale：是一个图形滑块对象，允许通过滑块从特定比例中设置一个确定的数字值。

Scrollbar：滚动条，主要配合 Canvas、Entry、Listbox 和 Text 组件使用。

Toplevel：一个容器窗口部件，是一个单独的、最顶层的窗口。

messageBox：消息框，用于显示应用程序的消息。

注意：在 tkinter 中窗口部件类没有分级，所有的窗口部件类在树中都是兄弟关系。

11.1.2 ttk 模块

虽然 tkinter 提供了一些窗口部件实现 GUI 编程，但 tkinter 提供的组件比较丑陋，控件种类也有限，界面布局逻辑性差。针对这些缺点，Python 在 tkinter 中引入了 ttk 组件来美化与补充 tkinter，并使用功能更强大的 Combobox 取代了原来的 Listbox，且新增了 LabeledScale（带标签的 Scale）、Notebook（多文档窗口）、Progressbar（进度条）、Treeview（树状图）等组件。要注意的是，ttk 的很多组件同 tkinter 相同，如果导入 ttk，ttk 将覆盖 tkinter 的组件，组件使用 ttk 的特性。ttk 组件的使用方法与 tkinter 相同，但是有一些属性在 ttk 中不再支持，如 tkinter 中的 fg、bg 属性，在 ttk 中不再支持，它是通过 style 对象来实现。ttk 模块被放在 tkinter 包下，使用 ttk 组件与使用普通的 tkinter 组件并没有太大的区别，只要导入 ttk 模块即可。

11.2 窗体与布局

窗体是组件的容器，在 GUI 编程中，所有的组件都放在窗体中。布局是指控制窗体容器中各个控件（组件）的位置关系。tkinter 提供了窗体的创建方法，也提供了 pack、grid 与 place 3 种几何布局管理方法。

11.2.1　根窗体

创建 GUI,首先需要创建一个根窗体,然后在根窗体中创建控件,且要把控件用相应的布局方式组织在窗体容器中。创建根窗体的方法是使用 tkinter 模块中的 Tk 函数。窗体的主要属性有窗体标题与窗体大小,设置窗体标题使用 title 方法,设置窗体大小使用 geometry 方法。见如下示例:

```
from tkinter import *
root=Tk()                            #创建一个窗体对象
root.title("This is my window")      #设置窗体标题
root.geometry('500x300')             #设置窗体宽度为 500 像素,高度为 300 像素
root['bg']="blue"                    #设置窗体的背景色为蓝色
root.mainloop()                      #事件(消息)循环。一旦检测到事件,就刷新窗体
```

运行上述程序的输出如图 11.1 所示。

11.2.2　pack 布局

使用 pack 布局,当向容器中填加组件时,第一个填加的组件在最上方,然后依次向下排列。见如下示例,该示例的输出如图 11.2 所示。

图 11.1　窗体效果

图 11.2　pack 演示

```
from tkinter import *
root=Tk()        #创建根窗体容器
root.title("pack -example")
#创建 3 个 Label 分别填加到 root 窗体中
#Label 是一种用来显示文字或者图片的标签组件
Label(root,text='First label').pack()
Label(root,text='Second label').pack()
```

```
Label(root,text='Third lable').pack()
root.mainloop()
```

事实上,程序在调用 pack() 方法时可传入多个参数。参数设置与作用如表 11.1 所示。

表 11.1   pack 方法的参数设置与作用

参数名	参 数 说 明	取 值	取 值 说 明
fill	设置组件是否向水平或垂直方向填充	X、Y、BOTH 和 NONE	fill＝X(水平方向),fill＝Y(垂直方向),fill＝BOTH(水平和垂直),NONE(不填充)
expand	设置组件是否展开,当值为 YES 时,side 选项无效。组件显示在父容器的中心位置;若 fill 选项为 BOTH,则填充父组件的剩余空间。默认为不展开	YES 或 NO	expand＝YES 或 expand＝NO
side	设置组件的对齐方式	LEFT、TOP、RIGHT、BOTTOM	side＝LEFT(左),side＝TOP(上),side＝RIGHT(右),side＝BOTTOM(下)
ipadx ipady	设置子组件之间 X 方向或者 Y 方向的间隙	可设置数值,默认是 0	非负整数,单位为像素
padx pady	设置 X 方向或者 Y 方向的外部间隙	可设置数值,默认是 0	非负整数,单位为像素
anchor	锚选项,当可用空间大于所需求的尺寸时,决定组件被放置于容器的何处	N、E、S、W、NW、NE、SW、SE、CENTER(默认值)	表示 8 个方向以及中心

注意:表 11.1 中取值都是常量,YES 等价于"yes",亦可以直接传入字符串值。

```
from tkinter import *        #注意模块导入方式,否则代码会有差别
class App:
    def __init__(self, master):
        #使用 Frame 增加一层容器
        frame1=Frame(master)
        #Button 是一种按钮组件
        Button(frame1, text='Top').pack(side=TOP, anchor=W, fill=X, expand=YES)
        Button(frame1, text='Center').pack(side=TOP, anchor=W, fill=X,
expand=YES)
        Button(frame1, text='Bottom').pack(side=TOP, anchor=W, fill=X,
expand=YES)
        frame1.pack(side=LEFT, fill=BOTH, expand=YES)

        frame2=Frame(master)
```

```
        Button( frame2, text='Left').pack(side=LEFT)
        Button( frame2, text='Center').pack(side=LEFT)
        Button( frame2, text='Right').pack(side=LEFT)
        frame2.pack(side=LEFT, padx=10)

root=Tk()
root.title("pack - example")
display=App(root)
root.mainloop()
```

该程序的输出如图 11.3 所示。

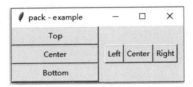

图 11.3   pack 参数演示

另外,当界面复杂度增加时,要实现某种布局效果,需要分层来实现。

pack 类提供了如表 11.2 所示的方法,这些方法通过组件实例对象调用。

表 11.2   pack 类提供的方法

方　　法	功　　能
pack_slaves( )	以列表方式返回组件的所有子组件对象
pack_configure(option＝value)	给 pack 布局管理器设置属性,使用"属性(option)＝取值(value)"方式设置
propagate(boolean)	设置为 True 表示父组件的几何大小由子组件决定(默认值),反之则无关
pack_info( )	返回 pack 提供的选项所对应的值
pack_forget( )	Unpack 组件,将组件隐藏并且忽略原有设置,对象依旧存在,可以用 pack(option,…)将其显示
location(x, y)	(x,y)为以像素为单位的点,函数返回此点是否在单元格中。返回单元格行列坐标,(−1,−1)表示不在其中
size( )	返回组件所包含的单元格

11.2.3   grid 布局

grid 布局又称为网格布局,是被推荐使用的布局管理方式。由于应用程序大多使用矩形界面,因此,可以把界面划分为一个由行列组成的网格,然后按照网格行号和列号将组件放置于网格的单元格之中。使用 grid 布局时,需要指定两个参数:一个参数是 row,表示行;另一个参数是 column,表示列。row 和 column 的值从 0 开始,表示第一行第一列。grid 方法的参数设置与作用如表 11.3 所示。

表 11.3　grid 方法的参数设置与作用

参数名	参数说明	取值	取值说明
row、column	row 为行号,column 为列号,设置将组件放置于第几行第几列的单元格	取值为行、列的序号,不是行数与列数	row 和 column 的序号从 0 开始,但是,column 的默认值是 0,row 的默认值是下一个编号较大的未占用行号
sticky	设置组件在网格中的对齐方式(前提是有额外的空间)	N、E、S、W、NW、NE、SW、SE	类似于 pack 布局中的锚选项
rowspan	组件所跨越的行数	默认值为 1	取值为跨越占用的行数,而不是序号
columnspan	组件所跨越的列数	默认值为 1	取值为跨越占用的列数,而不是序号
ipadx、ipady padx、pady	组件的内部、外部间隔距离,与 pack 的该属性用法相同	同 pack	同 pack

grid 类提供的方法如表 11.4 所示。

表 11.4　grid 类提供的方法

方　　法	功　　能
grid_slaves()	以列表方式返回本组件的所有子组件对象
grid_configure(option=value)	给 pack 布局管理器设置属性,使用"属性(option)=取值(value)"方式设置
grid_propagate(boolean)	设置为 True 表示父组件的几何大小由子组件决定(默认值),反之则无关
grid_info()	返回 pack 提供的选项所对应的值
grid_forget()	Unpack 组件,将组件隐藏并且忽略原有设置,对象依旧存在,可以用 pack(option, …)将其显示
grid_location(x, y)	x, y 为以像素为单位的点,函数返回此点是否在单元格中,在哪个单元格中。返回单元格行列坐标,(−1, −1)表示不在其中
size()	返回组件所包含的单元格

11.2.4　place 布局

place 布局是最简单且灵活的一种布局,使用组件坐标来确定组件的位置。但不推荐使用,因为在不同分辨率下,界面往往有较大差异。place 方法的参数设置与途径如表 11.5 所示。

表 11.5　place 方法的参数设置与作用

参数名	参数说明	取值	取值说明
anchor	锚选项,同 pack 布局	默认值为 NW	同 pack 布局
x、y	组件左上角的 x、y 坐标	整数,默认值为 0	绝对位置坐标,单位像素

参数名	参数说明	取　值	取值说明
relx、rely	组件相对于父容器的 x、y 坐标	0～1 的浮点数	相对位置,0.0 表示左边缘(或上边缘),1.0 表示右边缘(或下边缘)
width、height	组件的宽度、高度	非负整数	单位像素
relwidth、relheight	组件相对于父容器的宽度、高度	0～1 的浮点数	与 relx(rely)取值相似

place 类提供的方法如表 11.6 所示。

表 11.6　place 类提供的方法

方　　法	功　　能
place_slaves()	以列表方式返回本组件的所有子组件对象
place_configure(option＝value)	给 pack 布局管理器设置属性,使用"属性(option)＝取值(value)"方式设置
propagate(boolean)	设置为 True 表示父组件的几何大小由子组件决定(默认值),反之则无关
place_info()	返回 pack 提供的选项所对应的值
place_location(x, y)	(x, y)为以像素为单位的点,函数返回此点是否在单元格中,在哪个单元格中。返回单元格行列坐标,(－1,－1)表示不在其中
size()	返回组件所包含的单元格

11.3　常　用　组　件

在 tkinter 模块中,每个组件都是一个类,创建某个组件其实就是将这个类实例化。在实例化的过程中,可以通过构造函数给组件设置一些相关属性,同时还必须给该组件指定一个父容器,即该组件放置何处,最后,还需要给组件设置一个几何管理器(布局管理器)来设置在父容器中的放置位置。

11.3.1　Button 与 Label

Button 被称为命令按钮组件,按钮用来响应用户的一个单击事件,事件通常与一个 Python 函数相关联,当按钮被按下时,自动调用该函数。Label 称为标签组件,主要用来实现显示功能,可以显示文字和图片。

1. Button 组件

1) 创建方法

格式:

```
Button ( master, option=value, …)
```

参数说明如下。

master：代表承载该按钮的父容器；

options：可选项，即该按钮可设置的属性。这些选项可以用"键＝值"的形式设置，并以逗号分隔。

2）示例

```
from tkinter import *
def onclick():
    print("onclick !")
    root=Tk()
    root.title("Button 测试 ")
    root.geometry('300x200')
    #实例化 Button,使用 command 选项关联一个函数,单击按钮则执行该函数
    button=Button(root,text='This is button',fg='blue',command=onclick)
    button.pack()       #设置 pack 布局方式
    root.mainloop()
```

运行该程序就会在根窗体中显示一个命令按钮，单击该命令按钮，就会运行 onclick 函数，如图 11.4 所示。

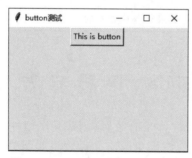

图 11.4　Button 组件的运行效果图

3）常用参数

Button 的常用参数如表 11.7 所示。其中，许多属性具有通用性，熟悉之后，就会同时掌握其他组件的属性。因此，在介绍其他组件时，这些参数就不再赘述。

表 11.7　Button 的常用参数

参数	取　　值	说　　明
text	字符串	按钮的文本内容
activebackground		当鼠标放上去时,按钮的背景色
activeforeground		当鼠标放上去时,按钮的前景色

续表

参数	取 值	说 明
bd	单位为像素,默认值为 2 像素	按钮边框的大小
bg		按钮的背景色
command	函数名的字符串形式	按钮关联的函数,当按钮被单击时,执行该函数
fg		按钮的前景色(按钮文本的颜色)
font		设置字体,还包含样式和大小
image		Python 中 image 属性仅支持 gif、pgm、ppm 格式。给按钮设置一张图像,必须是用图像 create 方法产生的。如 photo＝PhotoImage(file＝"image.gif")
bitmap		指定按钮显示一张位图。注意:Python 内置了 10 种位图,可以直接使用,设置 bitmap 即可。10 种位图分别是 error、gray75、gray50、gray25、gray12、hourglass、 info、 questhead、 question、 warning。bitmap 支持 xbm 格式,如果要自定义位图可使用 bmp＝BitmapImage(file＝"logo.xbm")
justify	LEFT、CENTER、RIGHT	显示多行文本的时候,设置不同行之间的对齐方式
padx	单位像素	按钮在 x 轴方向上的内边距,是指按钮的内容与按钮边缘的距离
pady	单位像素	按钮在 y 轴方向上的内边距
relief	RAISED、SUNKEN、FLAT、RIDGE、SOLID、GROOVE	设置控件 3D 效果
state	DISABLED、ACTIVE、NORMAL	设置组件状态。正常(Normal)、激活(Active)、禁用(Disabled)。
width	单位像素	按钮的宽度,如未设置此项,其大小以适应按钮的内容(文本或图片的大小)
height	单位像素	按钮的高度,同 width 属性
textvariable		指定一个变量名,变量值被转变为字符串在控件上显示。当变量值改变,控件也将自动更新
anchor	取值可参考布局中的锚选项	锚选项,控制文本的位置,默认为中

2. Label

1) 创建方法
格式:

```
Label ( master, option=value, … )
```

参数说明:与 Button 一样。

标签的实例化方式与按钮是一样的,Label 的属性可以直接参考 Button 对象,事实上按钮就是一个特殊的标签,只不过按钮有单击响应的功能。

2)示例

```
from tkinter import *
root=Tk()
label_1=Label(root,text="我是标签")
label_2=Label(root,bitmap="error")
label_1.pack()
label_2.pack()
root.mainloop()
```

该程序的输出如图 11.5 所示。可以看出,输出有两个标签,一个显示文字,另一个显示了一个位图。

3. Button 与 Label 的综合使用

需求,请设计一个窗体,窗体中有一个标签控件与一个命令按钮,当用户单击"命令"按钮时会在标签中显示 click me,当再次单击"命令"按钮时,标签显示为空。程序代码如下:

图 11.5　Label 标签的示例运行效果图

```
import tkinter as tk          #使用 tkinter 前需要先导入
window=tk.Tk()                #实例化 object,建立窗口 window
window.title('My Window')     #设置窗口标题
window.geometry('300x200')    #设定窗口的大小(长×宽)
var=tk.StringVar()            #将 Label 标签的内容设置为字符类型,用 var 来接收
                              #hit_me 函数的传出内容用以显示在标签上
l=tk.Label(window, textvariable=var, bg='green', fg='white', font=('Arial',
12), width=30, height=2)
#在 GUI 上设定标签,bg 为背景,fg 为字体颜色,font 为字体,width 为长,height 为高,这里
#的长和高是字符数的长和高
l.pack()
on_click=False
#定义一个函数功能(内容自己自由编写),供单击 Button 按键时调用,调用命令参数
#command=函数名
def click_me():
    global on_click
    if on_click==False:
        on_click=True
        var.set('click me')
    else:
        on_click=False
        var.set('')
```

```
    b=tk.Button(window, text='click me', font=('Arial', 12), width=10, height
=1, command=click_me)
    b.pack()                    #在窗口界面设置放置 Button 按键
    window.mainloop()
```

11.3.2　Entry 与 Text

　　Entry 是 tkinter 类中提供的一个单行文本输入框,可以用来接收用户的键盘输入。

　　Text 是 tkinter 类中提供的一个多行文本区域,显示多行文本,可以用来收集(或显示)用户输入的文字,格式化文本显示,该组件可以用不同的样式和属性来显示和编辑文本,同时支持内嵌图像和窗口。

1. Entry 组件

　　1) 单行文本输入框的创建方法

　　格式:

```
Entry( master, option=value, … )
```

　　参数说明:与 Button 与 Label 一样。

　　注意:Entry 与 Label 和 Button 不同,其 Text 属性是无效的。

　　2) 示例

　　示例 1:

```
from tkinter import *
root=Tk()
e=StringVar()
#使用 textvariable 属性,绑定字符串变量 e
entry=Entry(root,textvariable=e)
e.set('请输入……')
entry.pack()
root.mainloop()
```

　　说明:StringVar 在 tkinter 下,在 GUI 编程时,如果需要跟踪变量值的变化,以保证值的变更随时可以显示在界面上,就使用了 tcl 的相应的对象(Python 无法做到这一点)。StringVar 除了 set 外还有其他的函数,如 get 用于返回 StringVar 变量的值,race(mode,callback) 用于在某种 mode 被触发的时候调用 callback 函数。

　　示例 2:设置为密码框。当用户在 Entry 输入密码时,希望输入的密码是不可见的,即不是明文,则可以使用 show 属性。见如下代码:

```
from tkinter import *
root=Tk()
```

```
entry=Entry(root,show="*")
entry.pack()
root.mainloop()
```

示例 3：将其 state 属性设置为 readonly，变为只读，则单行文本框不能编辑，变成了显示文字的 Label。见如下代码：

```
from tkinter import *
root=Tk()
entry=Entry(root)
entry['slate'].= 'readonly'
entry.pack()
root.mainloop()
```

注意：第 4 行代码中，使用了另一种方式设置组件的属性，类似于字典的操作，直接为某个属性设置值，使用这种方式设置属性，则不需在实例化的时候传入值。组件实例对象['属性名']＝值。

3）Entry 的常用方法

Entry 的常用方法如表 11.8 所示。

表 11.8　Entry 的常用方法

方　　法	功　　能
delete（first，last＝None）	删除参数 first 到 last 范围内（包含 first 和 last）的所有内容。如果忽略 last 参数，表示删除 first 参数指定的选项，使用 delete(0,END) 实现删除输入框的所有内容
get()	获得当前输入框的内容
icursor（index）	将光标移动到 index 参数指定的位置，这同时也会设置 INSERT 的值
index（index）	移动 Entry 的内容，使得给定索引处的字符是最左边的可见字符。如果文本在 Entry 中刚好完全显示，则不起作用
insert（index，s）	将字符串 s 插入给定索引处的字符之前
select_adjust（index）	此方法用于确保选中的部分包含指定索引处的字符
select_clear()	清除选中。如果当前没有选中的，则不起作用
select_from（index）	将 ANCHOR 索引位置设置为由索引选择的字符位置，并选择该字符
select_present()	如果有选择，则返回 True，否则返回 False
select_range（start，end）	在程序控制下设置选择。选择从索引处开始的文本，但不包括结束索引处的字符。起始位置必须在结束位置之前
select_to（index）	选择从 ANCHOR 位置开始的所有文本，但不包括给定索引处的字符

续表

方　　法	功　　能
xview（index）	此方法在将 Entry 连接到水平滚动条时非常有用
xview_scroll（number，what）	用于水平滚动 Entry。参数必须是 UNITS，按字符宽度滚动，或者按页面大小滚动。数字是从左到右滚动的正数，负数从右到左滚动

2. Text 控件

1）多行文本输入框的创建方法

格式：

```
Text( master, option=value, … )
```

参数说明：与 entry 一样。

2）示例

在如图 11.6 所示的对话框上设置一个单行文本框与一个多行文本框两个命令按钮。当用户在单行文本框中输入文本后，在多行文本框中确定插入点，再单击 insert point 按钮，把输入在单行文本框的文本插入到多行文本框中的插入点位置后，如果单击 insert end 按钮，能把输入在单行文本框中的内容插入到多行文本框的内容之后。程序代码如下：

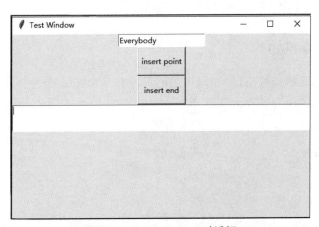

图 11.6　Test Windows 对话框

```
import tkinter as tk
window=tk.Tk()
window.title('Test Window')
window.geometry('500x300')
#在 GUI 上设定输入框控件 Entry 框并放置
e=tk.Entry(window, show=None)        #显示成明文形式
```

```
    e.pack()
#定义两个触发事件时的函数 insert_point 和 insert_end
def insert_point():                #在鼠标焦点处插入输入内容
    var=e.get()
    t.insert('insert', var)

def insert_end():                  #在文本框内容最后接着插入输入内容
    var=e.get()
    t.insert('end', var)

#创建并放置两个按钮分别触发两种情况
b1=tk.Button(window, text='insert point', width=10,
        height=2, command=insert_point)
b1.pack()
b2=tk.Button(window, text='insert end', width=10,
        height=2, command=insert_end)
b2.pack()
#创建并放置一个多行文本框 Text 用于显示,指定 height=3 为文本框是 3 个字符高度
t=tk.Text(window, height=3)
t.pack()
#主窗口循环显示
window.mainloop()
```

11.3.3   Radiobutton

Radiobutton 是单选按钮,即在同一组内只能有一个按钮被选中,每当选中组内的一个按钮时,其他的按钮自动改为非选中状态。与其他控件不同的是,单选按钮是以组形式存在的。

1. 创建方法

格式:

```
Radiobutton ( master, option, …)
```

说明:可以使用 command 关联函数,单击时候响应关联函数。

2. 示例

```
from tkinter import *
def sel():
    selection="You selected the option " +str(var.get())
```

```
    print(selection)

root=Tk()
#创建整型变量,用于绑定,相同的整型变量为同一组
var=IntVar()
R1=Radiobutton(root, text="Option 1", variable=var, value=1,command=sel)
R1.pack( anchor=W )
R2=Radiobutton(root, text="Option 2",variable=var,value=2,command=sel)
R2.pack( anchor=W )
R3=Radiobutton(root, text="Option 3", variable=var, value=3,command=sel)
R3.pack( anchor=W)
root.mainloop()
```

单选按钮除了可以显示文本,也可以显示图片,只要为其指定 image 选项即可。如果希望图片和文字同时显示也是可以的,只要通过 compound 选项进行控制即可,如果不指定 compound 选项,该选项默认为 None,这意味着只显示图片。

```
from tkinter import *
from tkinter import ttk
class App:
    def __init__(self, master):
        self.master=master
        self.initWidgets()
    def initWidgets(self):
#创建一个 Label 组件
        ttk.Label(self.master, text='选择您喜欢的兵种:').pack(fill=BOTH, expand=
YES)
        self.intVar=IntVar()
        #定义元组
        races=('z.png', 'p.png','t.png')
        raceNames=('虫族', '神族', '人族')
        i=1
        #采用循环创建多个 Radiobutton
        for rc in races:
            bm=PhotoImage(file='images/' +rc)
            r=ttk.Radiobutton(self.master,
                image=bm,
                text=raceNames[i -1],
                compound=RIGHT,          #图片在文字右边
                variable=self.intVar,    #将 Radiobutton 绑定到 self.intVar 变量
                command=self.change,     #将选中事件绑定到 self.change 方法
                value=i)
            r.bm=bm
```

```
        r.pack(anchor=W)
        i +=1
        #设置默认选中 value 为 2 的单选按钮
        self.intVar.set(2)
def change(self): pass
    root=Tk()
    root.title("Radiobutton测试")
    #改变窗口图标
    root.iconbitmap('images/fklogo.ico')
App(root)
root.mainloop()
```

以上示例示范了带图片的单选钮。该程序的输出如图 11.7 所示。

图 11.7　带图片的单选按钮

3. Radiobutton 的基本方法

Radiobutton 的基本方法如表 11.9 所示。

表 11.9　radiobutton 的常用方法

方法	功　能
deselect()	清除单选按钮的状态
flash()	在激活状态颜色和正常颜色之间闪烁几次单选按钮,最后保持它开始时的状态
invoke()	可以调用此方法来获得与用户单击单选按钮以更改其状态时发生的操作
select()	设置单选按钮为选中

11.3.4　Checkbutton

Checkbutton 与 Radiobutton 的主要区别是 Checkbutton 允许选择多项,而每组

Radiobutton 只能选择一项,其他功能基本相似,Checkbutton 同样可以显示文字和图片,可以绑定变量,可以为选中事件绑定处理函数和处理方法。但由于 Checkbutton 可以同时选中多项,因此程序需要为每个 Checkbutton 都绑定一个变量。

　　Checkbutton 就像开关一样,它支持两个值:开关打开的值和开关关闭的值。因此,在创建 Checkbutton 时可同时设置 onvalue 和 offvalue 选项为打开和关闭分别指定值。如果不指定 onvalue 和 offvalue,则 onvalue 默认为 1,offvalue 默认为 0。

1. 创建方法

格式:

```
Checkbutton ( master, option, …)
```

说明:可以使用 Command 设置关联函数,单击时响应关联函数。

2. 示例

```
from tkinter import *
from tkinter import ttk
from tkinter import messagebox
class App:
    def __init__(self, master):
        self.master=master
        self.initWidgets()
    def initWidgets(self):
        #创建一个 Label 组件
        ttk.Label(self.master, text = '选择你喜欢的人物: ').pack(fill = BOTH,
expand=YES)
        self.chars=[ ]
        #定义元组
        characters=('钱学森', '杨振宁', '陈敬熊', )
        #采用循环创建多个 Checkbutton
        for ch in characters:
            intVar=IntVar()
            self.chars.append(intVar)
            cb=ttk.Checkbutton(self.master,text=ch,variable=intVar,command
=self.change).pack(anchor=W)
            #将 Checkbutton 绑定到 intVar 变量,将选中事件绑定到 self.change 方法
        #创建一个 Label 组件
        ttk.Label(self.master, text = '选择你喜欢的课程: ').pack(fill = BOTH,
expand=YES)
        #--------------下面是第二组 Checkbutton----------------
        self.books=[ ]
```

```
        #定义两个元组
        books=('C语言程序设计', 'C++程序设计','Java程序设计', 'Python程序设计')
        vals=('C', 'C++','Java', 'Python')
        i=0
        #采用循环创建多个Checkbutton
        for book in books:
            strVar=StringVar()
            self.books.append(strVar)
            cb=ttk.Checkbutton(self.master,text=book,variable=strVar,
    onvalue=vals[i],offvalue='无',\ command=self.books_change)
                                        #将选中事件绑定到books_change方法
            cb.pack(anchor=W)
            i +=1
    def change(self):
        #将self.chars列表转换成元素为str的列表
        new_li=[str(e.get()) for e in self.chars]
        #将new_li列表连接成字符串
        st=', '.join(new_li)
        messagebox.showinfo(title=None, message=st)
    def books_change(self):
        #将self.books列表转换成元素为str的列表
        new_li=[e.get() for e in self.books]
        #将new_li列表连接成字符串
        st=', '.join(new_li)
        messagebox.showinfo(title=None, message=st)
root=Tk()
root.title("Checkbutton Applicatipn")
#改变窗口图标
App(root)
root.mainloop()
```

上面程序中第一组 Checkbutton 没有指定 onvalue 和 offvalue，onvalue 和 offvalue 默认分别为 1、0，且程序将这组 Checkbutton 绑定到 IntVar 类型的变量；第二组 Checkbutton 将 onvalue 和 offvalue 都指定为字符串，程序将这组 Checkbutton 绑定到 StringVar 类型的变量。运行该程序，选中"Java 入门教程"选项，可以看到如图 11.8 所示的运行效果。

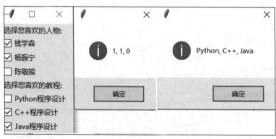

图 11.8　上述程序的输出

11.3.5　Listbox

Listbox 为列表框控件，它可以包含一个或多个文本项，可以设置为单选或多选类型。

1. 创建方法

格式：

```
Listbox(master,option,…)
```

2. 常用方法

Listbox 的常用方法如表 11.10 所示。

表 11.10　Listbox 的常用方法

方　　　法	功　　　能
insert	追加选项，如 listbox.insert(0,"addBox1","addBox2")
delete	删除选项，如 listbox.delete(3,4)，删除全部用(0,END)
select_set	选中，如 listbox.select_set(0,2)
select_clear	取消选中，如 listbox.select_clear(0,1)
get	返回指定索引项的值，如 listbox.get(1)；返回多个项值时用元组存放数据，如 listbox.get(0,2)
curselection()	返回当前选中项的索引，如 listbox.curselection()
selection_includes	判断当前选中的项目中是否包含某项，如 listbox.selection_includes(4)

3. 示例

```
from tkinter import *
def show_msg(*args):
    indexs=listbox1.curselection()
    index=int(indexs[0])
    listbox2.see(index)
    listbox2.select_set(index)
myWindow=Tk()
myWindow.title("listbox")
#创建列表显示内容
classNames=("2018-1","2018-2","2018-3","2018-4","2018-5","2018-6","2018-7","2018-8")
monitros=("Lili","liuhua","Wulei","Zhangxin","Liutiao","Chenlong","Chenghao","Huanwan")
```

```
list1=StringVar(value=classNames)
list2=StringVar(value=monitros)
#创建两个 Listbox,分别设置为单选、多选类型
listbox1= Listbox (myWindow, height = len (classNames), listvariable = list1,
selectmode="browse")
listbox2= Listbox (myWindow, height = len (monitros), listvariable = list2,
selectmode="extended")
listbox1.grid(row=1,column=1,padx=(10,5),pady=10)
listbox2.grid(row=1,column=2,padx=(5,10),pady=10)
listbox1.select_set(4)
#listbox2.select_set(1,5)
#设置第二个表格的项目颜色等
for i in range(len(monitros)):
    listbox2.itemconfig(i,fg="black")
    if not i%2:
        listbox2.itemconfig(i,bg="#f0f0ff")
#为第一个 Listbox 设置绑定事件
listbox1.bind("<<ListboxSelect>>",show_msg)
myWindow.mainloop()
```

程序的运行结果如图 11.9 所示。

11.3.6　Combobox

Combobox 为下拉列表控件,它可以包含一个
或多个文本项,可以设置为单选或多选类型。

1. 创建方法

格式:

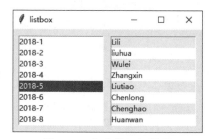

图 11.9　程序的运行结果

```
Combobox (master,option,…)
```

2. 常用方法

Combobox 常用方法如表 11.11 所示。

表 11.11　Combobox 的常用方法

方　法	功　能
get	返回指定索引项的值,如 combobox.get(1);返回多个项的值时用元组存放数据,如 combobox.get(0,2)
values	设定下拉列表的内容,如 data=["a","b","c"], cbx["values"]=data
current(i)	指定下拉列表生成时显示列表中值,i=index。如 current(2),显示列表中的第三个值

3. 示例

```
from tkinter import *
from tkinter import ttk
__author__='Administrator'
def show_msg( * args):
    print(players.get())


root=Tk()
name=StringVar()
players=ttk.Combobox(root, textvariable=name)
players["values"]=("齐齐格", "亮崽", "肥猫")
players["state"]="readonly"

players.current(2)
players.set("演员表")
print(players.get())

players.bind("<<ComboboxSelected>>", show_msg)

players.pack()
root.mainloop()
```

11.3.7　Scale

1. 作用

尺度(拉动条)，允许用户通过滑块从特定比例来设置一个确定的数字值。

2. 创建方法

格式：

```
Scale (master,option,…)
```

3. 示例

```
import tkinter as tk          #使用 Tkinter 前需要先导入
#第 1 步,实例化 object,建立窗口 window
window=tk.Tk()
#第 2 步,给窗口的可视化起名字
```

```
window.title('Test Window')
#第3步,设定窗口的大小(长×宽)
window.geometry('500x300')
#第4步,在图形用户界面上创建一个标签 Label 用于显示并放置
l=tk.Label(window, bg='green', fg='white', width=20, text='Scale 对象测试')
l.pack()
#第5步,定义一个触发函数功能
def print_selection(v):
    l.config(text='you have selected '+v)#
#第6步,创建一个尺度滑条,长度200字符,从0开始10结束,以2为刻度,精度为0.1,触发调
#用 print_selection 函数
s=tk.Scale(window, label='请移动', from_=0, to=10, orient=tk.HORIZONTAL,
length=200, showvalue=0, tickinterval=2, resolution=0.1, command=print_
selection)
s.pack()
window.mainloop()
```

上述代码运行显示的 Scale 界面如图 11.10 所示。

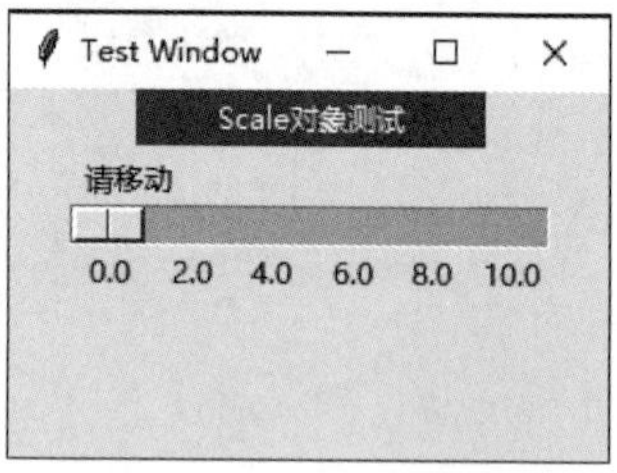

11.3.8   Menu

Menu 是菜单条对象,用来实现下拉和弹出式菜单,点
下菜单后弹出的一个选项列表,用户可以从中选择。

图 11.10   Scale 界面

1. 创建方法

格式:

```
Menu(master,option,…)
```

2. 常用方法

Menu 的常用方法如表 11.12 所示。

表 11.12   Menu 的常用方法

方　　法	功　　能
add_cascade	定义的菜单放在菜单栏中
add_command	在菜单中追加命令
add_separator	添加一条分隔线实现菜单的分组

3. 示例

```
import tkinter as tk
window=tk.Tk()
```

```
window.title('Test Window')
#设定窗口的大小(长×宽)
window.geometry('500x300')
#在图形用户界面上创建一个标签用于显示用户选择的菜单项
l=tk.Label(window, text='', bg='green')
l.pack()
#定义一个函数功能,用来代表菜单选项的功能,为操作简单,此处定义的功能比较简单
counter=0
def do_job():
    global counter
    l.config(text='do '+str(counter))
    counter +=1
#创建一个菜单栏,菜单可以认为是一个容器,在窗口的上方
menubar=tk.Menu(window)
#创建一个 File 菜单项(默认为下拉菜单,下拉内容包括 New、Open、Save、Exit 功能项)
filemenu=tk.Menu(menubar, tearoff=0)
#将上面定义的空菜单命名为 File,放在菜单栏中,即装入那个容器中
menubar.add_cascade(label='File', menu=filemenu)
#在 File 中加入 New、Open、Save 等小菜单,即平时看到的下拉菜单,每一个小菜单对应命令
#操作
filemenu.add_command(label='New', command=do_job)
filemenu.add_command(label='Open', command=do_job)
filemenu.add_command(label='Save', command=do_job)
filemenu.add_separator()        #添加一条分隔线
filemenu.add_command(label='Exit', command=window.quit) #用 tkinter 里面自带
                                                         #的 quit 函数
#创建一个 Edit 菜单项(默认为下拉菜单,下拉内容包括 Cut、Copy、Paste 功能项)
editmenu=tk.Menu(menubar, tearoff=0)
#将上面定义的空菜单命名为 Edit,放在菜单栏中,即装入那个容器中
menubar.add_cascade(label='Edit', menu=editmenu)
#同样地在 Edit 中加入 Cut、Copy、Paste 命令功能单元,如果单击这些单元, 就会触发
#do_job 的功能
editmenu.add_command(label='Cut', command=do_job)
editmenu.add_command(label='Copy', command=do_job)
editmenu.add_command(label='Paste', command=do_job)
#创建第二级菜单,即菜单项里面的菜单
submenu=tk.Menu(filemenu)       #和上面定义菜单一样,不过此处是在 File 上创建一个空
                                #的菜单
filemenu.add_cascade(label='Import', menu=submenu, underline=0)
#给放入的菜单 submenu 命名为 Import
#创建第三级菜单命令,即菜单项里面的菜单命令
submenu.add_command(label='Submenu_1', command=do_job)
#此处和上面创建原理一样,在 Import 菜单项中加入一个小菜单命令 Submenu_1
```

```
#创建菜单栏完成后,配置让菜单栏 menubar 显示出来
window.config(menu=menubar)
window.mainloop()
```

Menu 是菜单条,用来实现下拉和弹出式菜单,单击菜单后弹出的一个选项列表,上述程序运行效果如图 11.11 所示。

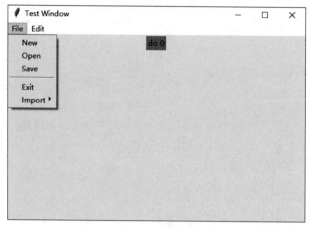

图 11.11 菜单

11.3.9 Frame

Frame 为框架控件,用来承载放置其他 GUI 元素。Frame 就是一个容器,是一个在 Windows 部件上分离小区域的部件,它能将 Windows 分成不同的区存放不同的其他窗口部件。一个 Frame 上也能再分成多个 Frame。

1. 创建方法

格式:

```
Frame (master,option,…)
```

2. 示例

```
import tkinter as tk
#实例化 object,建立窗口 window
window=tk.Tk()
#给窗口的可视化起名字
window.title('Test Window')
#设定窗口的大小(长×宽)
window.geometry('300x200')
```

```
#在图形用户界面上创建一个标签用以显示内容并放置
tk.Label(window, text='Main window', bg='yellow', font=('Arial', 16)).pack()
#创建一个主 Frame,放在主 window 窗口上
frame=tk.Frame(window)
frame.pack()
#创建第二层框架 Frame,放在主框架 frame 上面
frame_l=tk.Frame(frame)      #第二层 frame,左 frame,放在主 frame 上
frame_r=tk.Frame(frame)      #第二层 frame,右 frame,放在主 frame 上
frame_l.pack(side='left')
frame_r.pack(side='right')
#创建三组标签,为第二层 frame 上面的内容,分为左区域和右区域,用不同颜色标识
tk.Label(frame_l, text='on the frame_l1', bg='green').pack()
tk.Label(frame_l, text='on the frame_l2', bg='green').pack()
tk.Label(frame_l, text='on the frame_l3', bg='green').pack()
tk.Label(frame_r, text='on the frame_r1', bg='red').pack()
tk.Label(frame_r, text='on the frame_r2', bg='red').pack()
tk.Label(frame_r, text='on the frame_r3', bg='red').pack()
#主窗口循环显示
window.mainloop()
```

上述程序运行如图 11.12 所示。

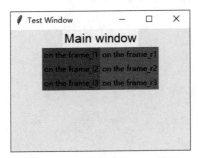

图 11.12　窗口中的 Frame 控件

11.3.10　messageBox

messageBox 是消息框控件(也被称为弹窗),消息框控件用于显示应用程序的消息。

1. 创建方法

格式:

```
messageBox (master,option,…)
```

2. 常用方法

messageBox 的常用方法如表 11.13 所示。

表 11.13 messageBox 的常用方法

方　法	功　能
showinfo	提示信息对话窗
showwarning	提示警告对话窗
showerror	提出错误对话窗
askquestion	询问选择对话窗,该函数返回字符串 'yes'或 'no'
askyesno	询问选择对话窗,该函数返回 True 或 False
askokcancel	询问选择对话窗,该函数返回 True 或 False

3. 举例

```
import tkinter as tk            #使用 tkinter 前需要先导入
import tkinter.messagebox       #要使用 messagebox 先要导入模块
#实例化 object,建立窗口 window
window=tk.Tk()
#给窗口的可视化起名字
window.title('Test Window')
#设定窗口的大小(长×宽)
window.geometry('300x300')
#定义触发函数功能
def click():
    tkinter.messagebox.showinfo(title='对话框', message='我是一个消息框')
                        #提示信息对话框


#在图形用户界面上创建一个按钮
tk.Button(window, text='单击我', bg='green', font=('Arial', 14), command=
click).pack()
#主窗口循环显示
window.mainloop()
```

上述程序运行如图 11.13 所示。

11.3.11　Canvas

Canvas 为画布控件,提供绘图功能,用来绘制图表和图,创建图形编辑器,实现定制窗口部件。

图 11.13　对话框

1. 创建方法

格式：

```
Canvas(master,option,…)
```

2. 常用方法

Canvas 的常用方法如表 11.14 所示。

表 11.14　Canvas 的常用方法

方　　法	功　　能	方　　法	功　　能
create_rectangle	在画布中绘制矩形	**create_arc**	在画布中绘制扇形
create_line	在画布中绘制直线	**create_image**	在画布中放置图像文件
create_oval	在画布中绘制圆		

3. 示例

```
import tkinter as tk          #使用 tkinter 前需要先导入
window=tk.Tk()
window.title('Test Window')
window.geometry('500x300')
#在图形用户界面上创建 500×200 像素大小的画布并放置各种元素
canvas=tk.Canvas(window, bg='green', height=200, width=500)
#说明图片位置,并导入图片到画布上
image_file=tk.PhotoImage(file='pic.gif')
#图片位置(相对路径,与.py 文件同一文件夹下,也可以用绝对路径,需要给定图片具体绝对路径)
```

```
image=canvas.create_image(250, 0, anchor='n', image=image_file)
#图片锚定点(n图片顶端的中间点位置)放在画布(250,0)坐标处
#定义多边形参数,然后在画布上画出指定图形
x0, y0, x1, y1=100, 100, 150, 150
line=canvas.create_line(x0-50, y0-50, x1-50, y1-50)    #画直线
oval=canvas.create_oval(x0+120, y0+50, x1+120, y1+50, fill='yellow')
#画圆,用黄色填充
arc=canvas.create_arc(x0, y0 +50, x1, y1 +50, start=0, extent=180)
#画扇形,从 0°打开收到 180°结束
rect=canvas.create_rectangle(330, 30, 330 +20, 30 +20, fill='blue', outline='
red')
#画矩形正方形
canvas.pack()
#触发函数,用来指定图形
def moveit():
    canvas.move(rect, 2, 2)      #移动正方形 rect(也可以改成其他图形名字用于一起移动
                                 #图形、元素),按每次(x=2, y=2)步长进行移动
#定义一个按钮用来移动指定图形在画布上的位置
b=tk.Button(window, text='move item', command=moveit).pack()
window.mainloop()
```

11.4　绑 定 事 件

为控件绑定事件主要采用 3 种方法:①为控件的 command 参数设置函数,单击控件时就能触发函数的运行,能够定义 command 参数的控件有 Button、Menu 控件;②为控件定义 blind 方法;③针对窗口操作时绑定触发事件。

11.4.1　command 方法

command 是控件中的一个参数,如果使得 command＝函数,单击控件时将会触发函数。能够定义 command 的常见控件有 Button、Menu。调用函数时,默认是没有参数传入的,如果要强制传入参数,可以使用 lambda 匿名函数。见如下示例:

```
from tkinter import *
root=Tk()
def prt():
    print("hello")
def func1( * args, * * kwargs):
    print( * args, * * kwargs)


hello_btn=Button(root, text="hello", command=prt)          #演示
```

```
hello_btn.pack()
args_btn=Button(root,text="获知是否 button 事件默认有参数",command=func1)
#获知是否有参数,结果是没有
args_btn.pack()
btn1=Button(root,text="传输参数",command=lambda:func1("running"))
#强制传输参数
btn1.pack()
root.mainloop()
```

上述程序代码的运行界面如图 11.14 所示。

11.4.2 blind 方法

blind 是控件的一个方法,使用的方法是控件.bind(event, handler),其中 event 是 tkinter 已经定义好的事件,handler 是处理器,可以是一个处理函数,如果相关事件发生,handler 函数会被触发,事件对象 event 会传递给 handler 函数。在 Python 中,所有控件都能使用 bind 方法。

图 11.14　command 参数绑定事件

1. 鼠标事件类型

`<Key>`	随便一个按键,键值会以 char 的格式放入 event 对象
`<Button-1>`	按下了鼠标左键,与 `<ButtonPress-1>` 等同
`<Button-2>`	按下了鼠标中键,与 `<ButtonPress-2>` 等同
`<Button-3>`	按下了鼠标右键,与 `<ButtonPress-3>` 等同
`<Enter>`	鼠标进入组件区域
`<Leave>`	鼠标离开组件区域
`<ButtonRelease-1>`	释放了鼠标左键
`<ButtonRelease-2>`	释放了鼠标中键
`<ButtonRelease-3>`	释放了鼠标右键
`<B1-Motion>`	按住鼠标左键移动
`<B2-Motion>`	按住鼠标中键移动
`<B3-Motion>`	按住鼠标右键移动
`<Double-Button-1>`	双击鼠标左键
`<Double-Button-2>`	双击鼠标中键
`<Double-Button-3>`	双击鼠标右键
`<Button-4>`	滚动鼠标滚轮(向上滚动)
`<Button-5>`	滚动鼠标滚轮(向下滚动)

注意:如果同时绑定单击事件 (＜Button-1＞)和双击事件 (＜Double-Button-1＞),则两个事件都会被调用。

2. 键盘事件类型

```
<KeyPress>                  表示按下键盘任意按键
<KeyRelease>                表示松开键盘任意按键
<KeyPress-A>               表示按下键盘 A 键，A 可以设置为其他的按键
<KeyRelease-A>             表示松开键盘 A 键，A 可以设置为其他的按键
<Alt-KeyPress-A>          表示按 Alt+A 键，A 可以设置为其他的按键
<Control-KeyPress-A>      表示按 Ctrl+A 键，A 可以设置为其他的按键
<Shift-KeyPress-A>        表示按 Shift+A 键，A 可以设置为其他的按键
<Double-KeyPress-A>       表示双击键盘 A 键，A 可以设置为其他的按键
<Lock-KeyPress-A>         表示开启大写之后按下键盘 A 键，A 可以设置为其他的按键
<Alt-Control-KeyPress-A> 表示同时按下 Alt+Ctrl 和 A 键，A 可以设置为其他的按键
<Configure>                如果 widget 的大小改变了，或者是位置，新的大小(width 和
                           height)会打包到 event 发往 handler
```

3. 窗口和组件相关事件类型

```
Activate       当组件由不可用变为可用时触发，针对于 state 的变值
Deactivate     当组件由可用变为不可用时触发
Configure      当组件大小发生变化时触发
Destory        当组件销毁时触发
FocusIn        当组件获取焦点时触发，针对于 Entry 和 Text 有效
FocusOut       组件失去焦点的时候触发
Map            当组件由隐藏变为显示时触发
UnMap          当组件由显示变为隐藏时触发
Perproty       当窗口属性发生变化时触发
```

4. 事件对象中包含的信息

```
x,y            当前触发事件时鼠标相对触发事件的组件的坐标
x_root,y_root  当前触发事件时鼠标相对于屏幕的坐标值
char           获取当前键盘事件时按下的键对应的字符
keycode        获取当前键盘事件时按下的键对应的 ASCII
type           获取事件的类型
num            获取鼠标按键类型
widget         触发事件的组件(产生 event 的实例，不是名字，所有对象拥有)
width/height   组件改变之后的大小和 configure()相关(widget 新大小)
type           事件类型
```

5. 示例

```
from tkinter import *
def callback(event):
    print("clicked in Frame:", event.x, event.y)
    print("clicked on Screen:", event.x_root, event.y_root)
root=Tk()
f=Frame(root, width=100, height=100, bg="yellow")
f.bind("<Button-1>", callback)
f.pack()
root.mainloop()
```

下面程序能捕捉鼠标在框架内单击时的框架内和屏幕的坐标。

下面程序代码为一个组件绑定两个方法：一个是单击，一个是按下键盘的一个键。

```
#一个组件绑定两个方法
from tkinter import *
window=Tk()
window.title('Test Window')
window.geometry('500x300')

def click(event):
    print("当前位置是",event.x,event.y)
def callback(event):
    print("你输入的信息是",event.char)
e=Text(window,width=50,height=50,bg="#87CEEB")
e.bind("<KeyPress>",callback)
e.bind("<Button-1>",click)
e.pack()
window.mainloop()
```

11.4.3 protocol 方法

protocal 方法是针对窗口操作时触发事件，使用方法是窗口控件.protocol(protocol, func)，该方法将回调函数 func 与相应的规则 name 绑定。其中，name 参数如下。

WM_DELETE_WINDOW：窗口被关闭的时候调用 func 函数。

WM_SAVE_YOURSELF：窗口被保存的时候调用 func 函数。

WM_TAKE_FOCUS：窗口获得焦点的时候调用 func 函数。

示例：

下面程序代码在关闭窗口时将被调用。

```
from tkinter import *
import tkinter.messagebox
window=Tk()
window.geometry("200x200")
def func():
    if tkinter.messagebox.askyesno("关闭窗口","确认关闭窗口吗"):
        window.destroy()
window.protocol("WM_DELETE_WINDOW",func)
window.mainloop()
```

11.5 小 结

本章介绍了 Python 中的 GUI 编程。GUI 是指应用程序提供给用户操作应用程序的图形用户界面。图形用户界面包括窗口、菜单、工具栏及其他多种图形用户界面的元素，如标签、文本框、按钮、列表框、对话框等。

布局是指控制窗体容器中各个控件（组件）的位置关系。tkinter 提供了窗体的创建方法，也提供了 pack、grid 与 place 等几何布局管理方法。

在 tkinter 模块中，每个组件都是一个类，创建组件就是将这个类实例化。在实例化的过程中，可以通过构造函数给组件设置一些属性，同时还必须给该组件指定一个父容器，即该组件放置何处。最后，还需要给组件设置一个几何管理器（布局管理器）设置组件在父容器中的放置位置。

在 Python 中，为控件绑定事件主要采用 3 种方法：①为控件的 command 参数设置函数，单击控件时就能触发函数的运行，能够定义 command 参数的控件有 Button、Menu 控件；②为控件定义 blind 方法；③针对窗口操作时绑定触发事件。

11.6 练 习 题

完成下列程序的编写与调试。

（1）编写一个用户登录界面，用户可以登录账户信息，如果账户已经存在，可以直接登录，登录名或者登录密码输入错误会提示，如果账户不存在，提示用户注册，单击注册进入注册页面，输入注册信息，确定后便可以返回登录界面进行登录。

（2）创建一个 GUI 应用，其中包括一个让用户提供文本文件名的 Entry 文本框、一个"打开"命令按钮与一个 Label 标签，当用户在文本框中输入文件名，单击"打开"命令按钮时，能把文件中的内容显示在 Label 标签中。

（3）定义一个窗体，在该窗体上放置两个列表框与两个命令按钮，且实现要求的功能，如图 11.15 所示。